U0739003

人人皆可 Vibe编程

池志炜 薛志荣 著

玩转氛围编程

人民邮电出版社

北京

图书在版编目（CIP）数据

人人皆可 Vibe 编程：玩转氛围编程 / 池志炜，薛志

荣著. -- 北京：人民邮电出版社，2025. -- ISBN 978

-7-115-67549-1

Ⅰ. TP311.1

中国国家版本馆 CIP 数据核字第 20250GK269 号

内 容 提 要

本书围绕 Vibe 编程这一 AI 驱动的全新创作方式，构建了从基础理论到实战应用的完整知识体系。通过介绍核心概念、常用 AI 编程工具、"4 步创作法"和 5 大技巧，并结合 20多个涵盖生活场景与商业应用的实战项目，帮助读者掌握与 AI 高效协作的技能，实现"从自然语言描述到代码生成"的闭环。

本书适合非技术背景的创业者与自由职业者，产品经理、设计师等非技术岗位的专业人士，寻求效率提升的技术从业者，以及教育工作者与学生群体阅读。

◆ 著　　　　　池志炜　薛志荣
　　责任编辑　贾　静
　　责任印制　王　郁　胡　南
◆ 人民邮电出版社出版发行　　北京市丰台区成寿寺路 11 号
　　邮编　100164　电子邮件　315@ptpress.com.cn
　　网址　https://www.ptpress.com.cn
　　北京天宇星印刷厂印刷
◆ 开本：720×960　1/16
　　印张：16.5　　　　　　　2025 年 7 月第 1 版
　　字数：264 千字　　　　　2025 年 10 月北京第 2 次印刷
　　　　　　　　定价：79.80 元
读者服务热线：(010)81055410　印装质量热线：(010)81055316
反盗版热线：(010)81055315

序

翻开这本书时，我仿佛看到十年前那个在实验室调试代码的自己——那时的我从未想过，有朝一日编程会从精密仪器般的专业工具，蜕变为人人可用的"创意画布"。而此刻，"硅基流动"团队正日夜优化着 DeepSeek 等开源大模型的 API 服务，恰如为这场工具民主化的变革铺设输水管道。因此当读到《人人皆可 Vibe 编程》这本书时，我看到的不仅是编程范式的进化，更是这场变革催生出的生产力革命。

本书揭示的"Vibe 编程"的本质，正是 AI 基础设施发展的终极目标：**让技术隐于无形，让创造回归本能**。在日常工作中，我们通过云端部署将大模型转化为即取即用的 API，正如本书将编程转化为自然语言对话。当开发者们调用我们的 API 服务实现 Vibe 编程时，当零编程基础的用户用两天时间构建出可运行的产品原型时，恰恰印证了技术平权的可能性——这不仅是效率的提升，更是创造主体的扩容。

作为 AI 底层服务的构建者，我深刻理解"易用性"的颠覆性力量。传统编程如同要求每个用水者先学会钻井，而 Vibe 编程则让创新者只需"拧开水龙头"。书中那位设计师快速验证交互原型、产品经理高效沟通开发的故事，正是技术基建价值的最佳注脚：当代码实现不再成为障碍，人类便能专注于最珍贵的能力——定义问题与想象解法。

这本书的珍贵之处，在于它超越工具书范畴，成为数字时代的"创造者启蒙手册"。它教会人们如何用语言编织逻辑，将氛围感知转化为产品设计，这与我们优化模型响应质量的工程哲学不谋而合——真正伟大的技术，终将消弭自身的存在感。

期待每位读者握住这把钥匙，在 Vibe 编程这样的技术河床上，让创意如活水奔涌。因为当编程从技能变为本能，世界的改造者就不再限于工程师，而是每一个心怀热望的普通人。

袁进辉

硅基流动创始人、CEO

过去，编程是耸入云端的技术高塔，唯有历经系统淬炼、能耐住抽象思维孤寂的少数人，方有资格叩响攀登的门环。而今，AI 如同一道智能坡道，正缓缓消解塔身的陡峭弧度，让曾经遥不可及的塔顶，化作每个创意灵魂都能涉足的开放平台。

我始终坚信：**AI 从不是取代人类的镜像，而是延展认知的棱镜**——在编程世界里，它不接管开发者的思考主权，却能将创意表达的维度从线性代码拓展为立体光谱。那些曾因"代码壁垒"被封存的灵感火花、搁置的项目雏形、藏在心底的微小创意，正透过 AI 这面棱镜重新折射出光芒，在代码与想象的交汇处被激活。

在某种程度上，我们的能力上限就是我们使用 AI 的上限。而这本书恰恰提供了一种不断提升这个"上限"的方法。**这不是一本介绍某门编程语言或技术的书，而是一本关于如何将想象力落地、如何将创意进行变现的实用手册。**

池志炜和薛志荣，是我非常敬重的产业实践者。他们身上有一种少见的"知识分子气质"：对前沿技术保持敏锐、对创作保持热情、对教育充满耐心，但又不是"高高在上"的布道者，而是愿意卷起袖子、一次又一次地跑工作坊、带课程、做产品的"创造型"知识传递者。

本书凝结着他们深耕行业的观察洞见、躬身实践的经验沉淀与传道授业的教学智慧，堪称 AI 时代编程教育的思想结晶。书中以契合 AI 时代认知习惯的语言体系，搭建起一座跨越技术壁垒的桥梁——让编程从少数人的专业领地，蜕变为人人可踏入的创意试验场。学习 Vibe 编程的本质，早已超越"掌握语法技巧"的技术层面，而是学会用代码言说创意构想；不必追求成为职业程序员，却能借此解锁创造者的身份密码，在数字画布上勾勒出独一无二的思维轨迹。

我坚信，这本书的价值远超出技术圈层的边界，而是为所有对未来充满好奇的探索者而作。这不仅是一场工具革新，更是一场重新定义"创造者"身份的认知革命。

本书将颠覆你的认知：不是你不会编程，而是尚未遇见契合时代的方法、同频的伙伴。翻开它，让我们一起打破"编程者"的固有边界——重新发现那个潜藏着无限创造力的自己。

孙凌云

浙江大学计算机科学与技术学院副院长、国际设计研究院院长、

人工智能教育教学研究中心常务副主任

您是否曾有过绝妙的软件创意，却因不熟悉复杂的编程语言而未能实现？在这个 AI 飞速发展的时代，我们在思考：编程，能否不再是冰冷的技术，更是成为我们表达情感、挥洒创意的温暖媒介？

答案是肯定的。而 Vibe 编程（Vibe Coding），正是这一愿景的实现路径。

欢迎来到 Vibe 编程的世界：**一种由 AI 驱动的全新创作方式**。它消除了传统软件开发的技术壁垒，使"人人皆可编程"成为现实。你无须记忆烦琐的语法规则，也无须深陷复杂的代码调试，只需通过自然语言与 AI 对话，即可将脑海中的灵感转化为可运行的应用。Vibe 编程强调对软件功能与用户体验的整体感知与"氛围"把握，而非具体的代码实现细节。可以说，**Vibe 编程是一场从"编写代码"到"描述需求"的变革**。

传统软件开发曾如高耸的技术堡垒。如今，Vibe 编程正在推倒这座堡垒。诚如我们的观点："AI 不是要替代开发者，而是成为创造新可能的'基因编辑器'。"在这个新时代，**每个有想法的人都可能成为创造者**。

在教学实践中，我们见证了这种变革的力量。通过线下课程，我们已指导 150 多位学员（其中 98%的学员是零编程基础），他们来自翻译、人力资源（HR）、艺术策展、项目管理、教育等领域。令人惊喜的是，93%的学员在短短两天的训练营期间就完成了属于自己的实战项目开发。同时，我们的线上课程更是触达了 400 多位学员，让这种新的编程方式惠及更广泛的群体。

一位设计师惊喜地发现，她不再局限于绘制原型图，而能快速验证交互设计的可行性；一位产品经理兴奋地表示，他终于能够运用实际的产品原型与开发团队进行高效沟通。这些真实的转变让我们深信：**技术创新的方式正在被彻底改写**。

正是这些鼓舞人心的教学成果，我们坚信 Vibe 编程蕴含着改变世界的潜力。然而，真正的变革需要让更多人了解并掌握这一创新的方式。这正是我们撰写本书的初衷。

我们希望通过系统化的知识梳理与清晰易懂的阐述，将 Vibe 编程的理念和方法传递给更广泛的群体。无论你身在何处、技术背景如何，都能通过这本书深入理解一个道理：**在 AI 时代，编程已非少数人的专利，开发热门应用亦非遥不可及的梦想。**

我们深信，当更多人掌握 Vibe 编程时，全社会的创新活力将被点燃。每一个有想法的人，都可能成为改变世界的下一位创造者；每一个生活中的微小困扰，都可能催生有价值的数字化解决方案。

为了帮助你系统掌握 Vibe 编程，本书精心设计了循序渐进的学习路径。

第 1 章，认识 Vibe 编程。从 Vibe 编程的起源、核心概念、技术基础及与传统编程的对比切入，揭示其本质。阅读本章，你可以了解普通人如何运用 Vibe 编程解决实际问题，以及如何选择最适合的 AI 编程工具。

第 2 章，掌握 Vibe 编程的核心方法与技能。将详细介绍"4 步创作法"与 5 大技巧，助你掌握与 AI 高效协作进而快速实现创意的方法。

第 3~5 章，进行 Vibe 编程实战演练。提供一系列由易至难的实战项目，涵盖生活工具、健康管理、商业应用等领域。阅读这 3 章，可以帮你在实践中掌握 Vibe 编程的核心方法与技能。

第 6 章，了解 Vibe 编程的商业应用与未来趋势。探讨 Vibe 编程在商业领域的潜力，分享如何为企业定制专业系统，并展望它将如何塑造未来的职业形态与学习方式。

各章均旨在助你逐步领悟 Vibe 编程的精髓，实现从理论到实践、从简单应用到复杂系统的跨越，最终使你能自信地运用 Vibe 编程进行独立创作。

本书为所有对创意和技术抱有热情的人而写，特别是：

- 零编程基础的创意人士，渴望将创意快速转化为实际应用；
- 非技术岗位的专业人士（如产品经理、设计师、创业者等），期望突破技术限制，独立完成产品原型或小型应用开发；
- 寻求效率提升的技术从业者，具备一定编程经验，希望借助 AI 探索新的工作模式，提升开发效率。

通过阅读本书并付诸实践，你将能够有如下收获。

- 透彻理解并掌握 Vibe 编程：洞悉这场 AI 驱动的创作方式的本质。
- 独立开发实用的应用程序：无论是解决个人生活痛点、提升工作效率的小工具，还是构建商业级应用。
- 体验创作乐趣与成就感：通过简单的对话就能把想法变成现实，其间带来的满足感将是无与伦比的。
- 拥抱未来的工作与学习方式：在"人人皆是创造者"的时代，掌握与 AI 协作的技能，为职业发展开辟新的可能性。
- 激发无限的创新潜能：Vibe 编程不仅仅是工具，更是一种思维的解放，它将点燃你内心深处的创造火焰。

Vibe 编程将为你打开一扇通往全新世界的大门，让你从技术的被动使用者，转变为积极的创新缔造者。

目录

## 第 1 章

Vibe 编程，人人都能"编程"的 AI 时代

如果我告诉你，从今天开始，再也不需要为了实现创意而学习复杂的编程语言，而只需像和朋友聊天一样跟 AI 描述你的想法，几分钟后一个完整的应用就将出现在你面前，你会相信吗？

这不是科幻小说的情节，而是正在全球范围内发生的事。本章将带你了解这场名为 Vibe 编程的变革。

无论你想解决生活小困扰、验证商业创意，还是纯粹对 Vibe 编程充满好奇，本章都会为你打开通往 AI 创意世界的大门。

1.1 什么是 Vibe 编程？10 分钟理解 AI 驱动的创作革命

2025 年 2 月 3 日，前 OpenAI 联合创始人、前特斯拉人工智能主管 Andrej Karpathy 在社交平台 X 上发布了一条看似平常却引发全网热议的推文，如图 1-1 所示。其大意是说：有一种新的编码方式，我称之为 Vibe 编程；它让你完全沉浸在氛围中，拥抱指数级增长，甚至忘记代码的存在。

Karpathy 用一种近乎诗意的语言描述了他的编程体验："这已经不能算是真正的编程了，我只是看看、说说、运行、复制并粘贴，然后程序就能运行了。"这句话瞬间击中了无数开发者的内心，因为它精准地概括了一种全新的软件开发体验。在短短 48 小时内，这条推文获得了超过 50 万次转发，Vibe 编程的话题迅速登上全球趋势榜。

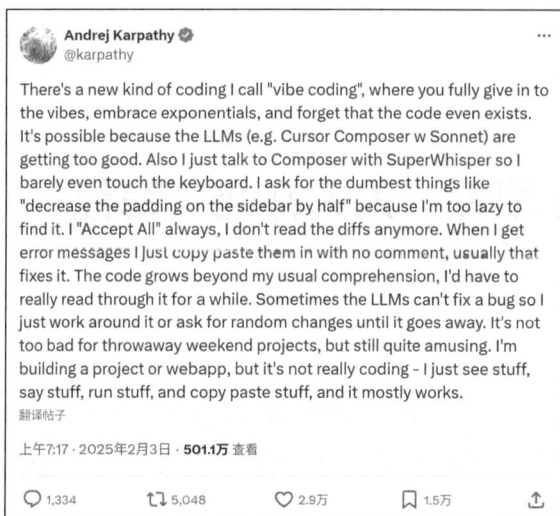

图 1-1　Andrej Karpathy 在社交平台 X 发表的推文（截图于 2025 年 5 月 27 日）

1.1.1　革命性概念的诞生：从“写代码”到“说代码”

Vibe 编程这种“说代码”的方式正在改变数字产品的创造方式，让软件开发从精英专属的技术活动转变为人人可参与的创造过程，因此，Vibe 编程在全球范围内开始流行。

Y Combinator 最新研究数据显示，在 2025 年 1～3 月的创业公司中，约 25%的团队表示其 95%的代码是由 AI 生成的。这些创业者包括许多有着深厚技术背景的工程师，他们过去完全有能力从零开始编写代码，但现在更倾向于将这项工作交给 AI 来完成。

更令人惊讶的是，这种方式带来的不仅仅是效率的提升，更是创造力的解放。当不再被语法和调试困扰时，你可以将全部注意力集中在创意和用户体验上。一位使用 Vibe 编程的设计师这样描述自己的感受：就像从手工绘图转向了 Photoshop，我突然发现自己可以实现以前根本不敢想象的创意。

“Vibe 编程”这个术语的精妙之处在于，它捕捉到了这种编程方式的本质特征。“Vibe”一词来源于 vibration（振动），在现代俚语中表示一种感觉、氛围或直觉。当我们说某个音乐有“好的 vibe”时，指的是它给人的整体感受，而不是具体的音符和节拍。同样，Vibe 编程强调的是开发者对软件功能和用户体验的整体感知，而不是具体的代码实现细节。

2025 年 3 月，《韦氏英语惯用法词典》（*Merriam-Webster's Concise Dictionary of English Usage*）正式将"vibe coding"收录为年度科技词汇，并定义为：通过自然语言提示与 AI 协作生成可运行代码的新型软件开发范式，如图 1-2 所示。这一收录标志着 Vibe 编程从一个网络热词正式成为计算机科学术语。

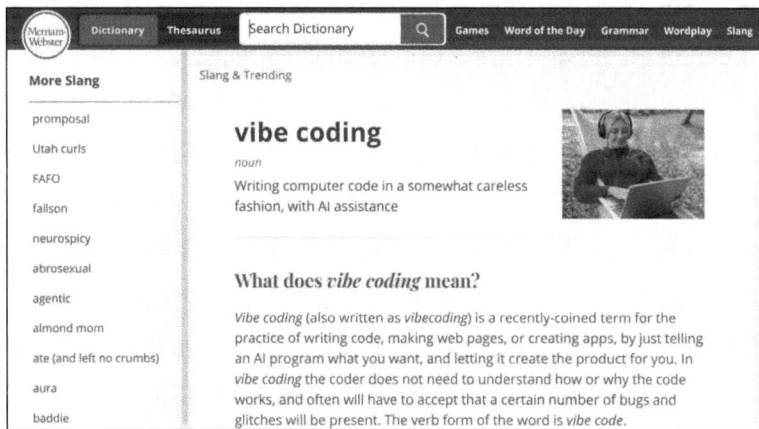

图 1-2　《韦氏英语惯用法词典》收录了 vibe coding

1.1.2　Vibe 编程的技术基础与工作原理

这场变革之所以能够发生，是其背后有着强大的技术支撑。

2025 年初，随着 Claude 3.7 Sonnet 等混合推理模型的出现，AI 生成的代码的质量得到了大幅提升。根据 Cursor 技术团队的评测，Claude 3.7 Sonnet 生成的代码的语法正确率达到 95%，比前代模型提升了 17%，在 LeetCode 中等难度问题上的通过率高达 92%。

这种突破性进展主要归功于混合推理能力的引入，模型能够根据任务复杂度在快速回答与深度思考模式间无缝切换，既能应对简单的日常编码，又能处理需要深度分析的复杂系统架构设计。更重要的是，现在的 AI 不仅能生成代码，还能理解复杂的业务逻辑、调试 bug，甚至进行系统架构设计。这意味着 Vibe 编程已经从实验性质的工具变成了真正可以依赖的生产力工具。

传统编程就像翻译一样，你必须先学会目标语言的语法规则，再逐字逐句地翻译。而 Vibe 编程则更像雇佣了一位既懂你的母语又精通目标语言的专业翻译，你只需用母语表达你的想法，它就会帮你处理所有的细节。

Vibe 编程的整个流程更像一场人机协作的创意对话，包含提示、生成、测试和优化这 4 个核心阶段。

（1）**提示阶段**。开发者用自然语言描述想要实现的功能。这个阶段的关键是要清晰、具体地表达需求。例如，你可以说："我想要一个能记录每日喝水量的应用，用户通过点击按钮来增加喝水记录，而应用会显示今天的喝水总量和完成百分比。"

（2）**生成阶段**。AI 工具根据描述生成相应的代码，并自动添加注释、创建合理的文件结构，甚至生成相应的测试用例。这个过程就像魔术一样神奇。

（3）**测试阶段**。你可以立即运行生成的代码，看看是否符合预期。即时反馈是 Vibe 编程的一大优势：无须等待漫长的编译过程，马上就可以看到结果。

（4）**优化阶段**。你可以向 AI 提供具体的反馈，例如："按钮太小了，能不能大一点？"或者"我希望增加每周统计的功能。"AI 会根据你的反馈调整代码，这个过程可以持续进行，直到你满意为止。

相关工具和平台正在迅速成熟。Cursor、Lovable、V0 和 Replit 等平台都在不断优化用户体验，让非技术人员也能轻松上手。这些工具不仅提供了友好的界面，还建立了完整的生态系统，包括模板库、社区支持和教程指南等。

现在学习 Vibe 编程，你就可以站在这些成熟平台的肩膀上快速起步。

1.1.3　Vibe 编程与传统编程的核心差异

随着技术的不断成熟和应用场景的扩展，Vibe 编程与传统编程之间的差异也愈发明显。这种差异不仅仅是工具层面的升级，更是思维模式的根本性转变。

最明显的区别在于**交互方式的转变**。传统编程就像学习弹钢琴，你必须记住每个键的位置，掌握复杂的指法，经过长期练习才能流畅地演奏。而 Vibe 编程更像是直接哼唱旋律，让 AI 帮你编曲和演奏；你不需要知道和弦进行的理论，只需表达你想要的音乐风格。

在传统编程中，开发者必须同时处理多个层次的抽象——从底层的内存管理到高层的业务逻辑，这就像建筑师不仅要设计房屋的整体外观，还要亲自安装每一根水管、每一条电线。而 Vibe 编程让开发者可以专注于"建筑设计"，将具体的"施工细节"交给专业的"AI 施工队"来处理。

从**学习成本**的角度看，传统编程的学习过程就像攀登一座高山，你必须从基础语法开始，逐步掌握数据结构、算法和设计模式等知识，这通常需要数年时间。而 Vibe 编程的学习更像是学开车，一旦掌握基本的"提示技巧"，就可以立即开始创作有用的应用。

从**认知负荷**的角度看，传统编程要求开发者在脑海中维护一个复杂的"心理模型"：变量的状态、函数的调用关系、数据的流向等。这就像同时玩多个围棋游戏，需要极强的专注力和记忆力。而 Vibe 编程大大降低了这种认知负荷，让开发者可以将注意力集中在产品的用户体验和商业价值上。

从**社会发展**的角度看，我们正在经历一场类似于个人计算机普及时期的技术革命。在 1980 年代，掌握计算机操作的人获得了巨大的竞争优势；今天，掌握 Vibe 编程的人同样会在未来的数字化社会中占得先机。根据行业预测，到 2030 年，约 80%的软件开发工作将涉及与 AI 的协作，而 Vibe 编程正是这种协作的直接形式。

传统编程和 Vibe 编程最深刻的区别可能在于**对"完美"的定义**。传统编程追求代码的优雅、性能的极致、架构的完美，就像工匠对待自己的作品一样精雕细琢。而 Vibe 编程更注重"够用就好"：只要能解决问题、满足用户需求，技术实现的具体细节并不重要。这种"实用主义"的态度让创新变得更加敏捷和高效。

当然，这些区别并不意味着 Vibe 编程会完全取代传统编程。就像摄影技术的发展并没有让绘画消失一样，两种编程方式在不同的场景下发挥各自的优势。对于复杂的系统架构、高性能计算、安全应用等领域，传统编程的精确性和可控性仍然不可替代。而对于快速原型开发、个性化应用、创意实验等场景，Vibe 编程的优势则更加明显。

1.1.4　现在，是学习 Vibe 编程的最佳时机

如果你正在犹豫是否要投入时间来学习 Vibe 编程，那么现在就是最佳的行动时机。

这个判断并非基于主观臆测，而是来自对历史发展规律和技术革命节点的深刻洞察。

正如几百年前语言读写能力从少数精英的专利逐渐普及全社会一样，AI 编程能力也正在经历同样的民主化过程。斯坦福大学的吴恩达教授在 2023 年 12 月出版的 *How to build your career in AI* 一书中指出，**编码人工智能是新的读写能力**。随着机器在日常生活中变得越来越重要，这种人机交流能力也变得越来越重要。现在学习 Vibe 编程，相当于在这场"新的读写能力"革命中抢占先机，成为早期掌握这种核心技能的人群。

更关键的是，我们正处于技术可用性的**"黄金临界点"**。经过近 3 年的快速发展，AI 已经足够强大，能够处理大多数常见的开发任务，但又没有复杂到难以理解和掌握的程度。这意味着 Vibe 编程已经变成了可依赖的生产力工具，但普及程度还不够高，给早期学习者留下了巨大的机会窗口。

从竞争格局来看，现在仍然处于**"蓝海时期"**。根据 Stack Overflow 的开发者调查，目前只有 23%的开发者在日常工作中使用 AI 编程工具，而能够熟练运用 Vibe 编程方法论的人更是少之又少。就像 1980 年代掌握个人计算机操作的人获得了巨大竞争优势一样，现在掌握 Vibe 编程的人将占得先机。

从经济机会的角度来看，一个**全新的价值创造体系正在形成**。在 Vibe Code Careers 网站上，"氛围编程师"的年薪已达 120 万元；LinkedIn 数据显示，"AI 协作开发"相关职位的发布量同比增长了 340%。更重要的是，这些机会不仅面向传统开发者，还包括产品经理、设计师、创业者等角色。掌握 Vibe 编程后，就可以独立完成过去需要整个开发团队才能完成的工作。这种能力将重新定义个人的经济价值和社会地位。

从社会变革的深度来看，我们正在见证**工作方式的重构**。这不仅是工具的升级，更是整个社会生产力结构的重新洗牌。现在学习 Vibe 编程，实际上是在为即将到来的新社会做准备，确保自己不会被时代抛弃。

最重要的是，Vibe 编程的**学习成本与机会收益**之间存在着巨大的不对称。据我们的线下 Vibe 编程教学经验，完全没有编程经验的人，平均只需要 11 小时就能掌握基本的 Vibe 编程技能，构建出一个可用的软件。这个投入带来的不是线性的技能提升，而是指数级的能力跃迁——从"想法"到"实现"之间的鸿沟被抹平。

错过这个窗口期的代价是巨大的。当 Vibe 编程变得像 Word、Excel 一样普及时，它就不再是竞争优势，而是基本要求。到那时再学习，就只能追赶别人，而不是引领潮流。

理解了 Vibe 编程的本质及其与传统编程的区别，以及为什么现在是学习 Vibe 编程的历史性关键时刻，就能更好地把握这场技术革命。

Vibe 编程真正的价值在于能让普通人也成为数字产品的创造者，让每个有想法的人都能将创意转化为现实的应用。

1.2　零基础也能做应用：普通人如何用 Vibe 编程解决实际问题

了解了 Vibe 编程的本质后，很多人的第一个问题往往是：这听起来很美好，但普通人真的能做到吗？

答案是肯定的，而且比你想象的更容易实现。在过去的一年里，从记者到老师，从产品经理到家庭主妇，无数零编程基础的普通人正在用 Vibe 编程创造能解决实际问题的应用。

这些案例有一个共同特点：都是从解决自己生活中的真实问题开始的。没有宏大的商业计划，没有复杂的技术架构，只是想让生活变得更便利一点。正是这种朴素的出发点，让他们的创作过程变得自然而高效。

本节将通过 5 个真实案例，介绍如何运用 Vibe 编程将想法变成实用应用。

1.2.1　《纽约时报》记者的智能午餐助手：从厨房困扰到"软件为一"

Kevin Roose 是《纽约时报》的一名资深记者，同时也是热门播客 *Hard Fork* 的主持人。虽然他在科技报道领域颇有建树，但他坦诚自己是个"编程盲"：一行 Python、JavaScript 或 C++代码都不会写。和许多上班族一样，他每天会面临一个看似简单却令人头疼的问题：午餐吃什么？

家里的冰箱总是有一些零散的食材，但很难快速想出合适的搭配方案。有时候买了菜却忘记食用，导致浪费；有时候明明有食材，却还是选择点外卖。Kevin 意识到，如果有一个工具能够分析冰箱里的现有食材，并能推荐午餐搭配方案，将大大改善这种状况。

接触 Vibe 编程后，Kevin 决定将这个想法付诸实践。他没有学习任何编程语言，而是直接向 AI 描述自己的需求。在短短几个小时内，他的"LunchBox Buddy"应用就初具雏形，如图 1-3 所示。这个应用的核心功能是拍摄冰箱照片，再基于识别出的食材推荐午餐方案。

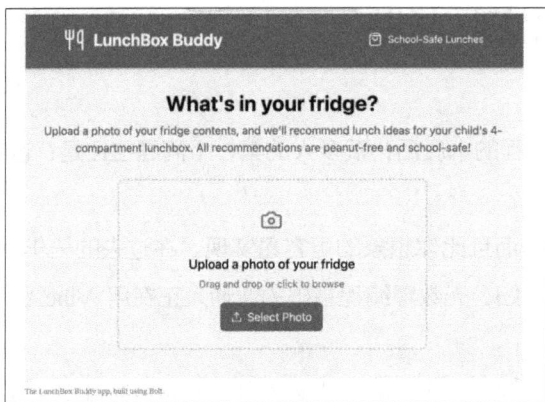

图 1-3　LunchBox Buddy 界面

Kevin 将这种个性化的应用称为"软件为一（software for one）"，意思是专门为个人特定需求定制的工具。虽然这款应用可能在商业上并不成功，但它完美地展示了 Vibe 编程让普通人实现创意的能力。Kevin 甚至在《纽约时报》的文章中为读者提供了这个应用的在线演示版本，让读者可以亲身体验 Vibe 编程的成果。

这个案例的意义在于它证明了 Vibe 编程能够让非技术人员独立完成从想法到产品的完整过程。正如 Kevin 在文章中描述的那样，这种体验产生了一种"AI 眩晕感"，类似于他第一次使用 ChatGPT 时的感受。

1.2.2　产品经理的创业梦：从呼吸练习到上架"清醒呼吸"

陈统伟是一名产品经理，虽然每天和开发团队打交道，但他自己一行代码都不会写。

在接触冥想和呼吸练习后，他发现市面上的呼吸引导应用要么功能复杂，要么缺乏个性化元素。作为一名注重用户体验的产品经理，他决定创造一个更符合自己需求的应用。

陈统伟的想法很具体：他希望创建一个呼吸练习工具，能够用动画的形式让呼吸节奏变得可视化，同时融入水、地、火、风等自然元素，营造更加沉浸的冥想氛围。在传统开发模式下，这个想法需要设计师、前端工程师、动画师等多个角色的协作，成本高昂且周期漫长。

但在 Vibe 编程的帮助下，陈统伟直接与 AI 说："我想要一个圆形的呼吸引导界面，吸气时圆圈慢慢变大，颜色从蓝色渐变到白色，呼气时圆圈再慢慢缩小，颜色变回蓝色。背景要有缓慢流动的水波效果。"

在开发过程中，陈统伟经常会即兴调整功能，例如，"能不能加入鸟鸣声效"或者"是否可以根据心率调整呼吸节奏"。这种灵活的迭代方式，让他的创意得到了最大程度的实现。

仅用不到 2 天时间完成核心功能后，陈统伟又花了 3 周时间进行细节优化。最终，他的"清醒呼吸"（如图 1-4 所示）成功上架应用商店，获得了用户的积极反馈。紧接着，他又开发了一款极简清单应用，同样取得了不错的效果。

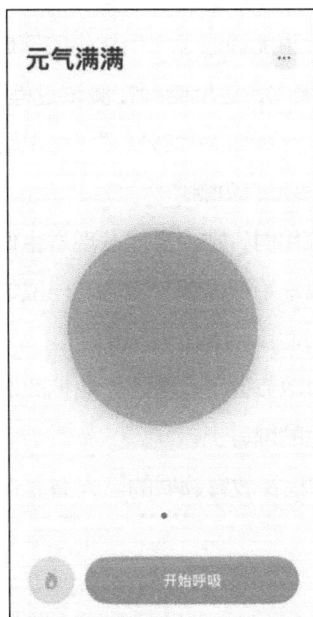

图 1-4　"清醒呼吸"App 截图

陈统伟的成功秘诀在于，作为产品经理，他知道用户需要什么功能，也懂得如何与 AI 建立"共同语言"。正如他所说的，我们和 AI 之间需要有共同语言，我虽然不懂具体语法，但知道有哪些功能词汇。

1.2.3　历史老师的课堂变革：一个下午改变教学体验

国外有一位高中历史老师，选择使用 Replit 通过 Vibe 编程创建了一个针对历史课的测验应用。她一直困扰于传统测验方式的局限性：纸质试卷批改耗时，学生参与度不高，很难实现个性化反馈。

这位老师的需求很明确：她想要一个能够自动出题、即时评分，并提供详细解释的在线测验系统。学生可以在手机或计算机上答题，系统会根据答题情况提供针对性的知识点解释。对于历史学科来说，这种即时反馈特别重要，因为很多历史概念需要在语境中理解。

一天下午，她向 AI 描述了自己的想法："我需要一个历史测验应用，能够随机生成关于美国独立战争的选择题。当学生选错答案时，系统要显示正确答案的详细解释，包括相关的历史背景。我还希望能够追踪每个学生的答题进度。"

AI 很快生成了一个基础版本，这位老师在测试过程中不断提出修改建议，"能不能加入计时功能？""能否显示全班的平均分？""可以增加图题吗？"每次提出新需求，AI 都能在几分钟内实现相应的功能。

在课堂上使用这个测验应用时，她惊喜地发现学生们的参与度显著提高了。原本对历史不太感兴趣的学生，也开始积极参与答题。一位学生告诉她：这种方式比传统考试有趣多了，而且能立即知道自己哪里理解错了。

更重要的是，这个应用为她节省了大量的作业批改时间，让她能够将更多精力投入到课程内容的设计和针对性的辅导上。

这个案例展示了 Vibe 编程在教育领域的巨大潜力：让老师们能够专注于教学本身，而不被技术细节困扰。

1.2.4 业余游戏爱好者的创作突破：与 Claude 3.7 Sonnet 的完美配合

Jose Antonio Lanz 是一名普通的上班族，同时也是 Decrypt 网站的撰稿人。他平时喜欢玩各种小游戏来放松，因此一直有个想法：想要制作一个既能娱乐又能提高打字速度的游戏。但作为一个没有游戏开发经验的人，这个想法一直停留在脑海中。

Jose 想象中的游戏很简单：屏幕上方不断掉落英文单词，玩家需要快速且准确地输入这些单词才能消除它们，如果单词落到底部，游戏就结束。这种设计既有一定的挑战性，又能在娱乐中提高打字速度。

了解 Vibe 编程后，Jose 决定将这个想法付诸实践。他选择将 Claude 3.7 Sonnet 作为合作伙伴，因为 Decrypt 网站的测试表明，Claude 3.7 在代码生成任务上的表现甚至超过了 Grok-3。他向 AI 描述了自己的游戏构想："我想做一个有趣的打字游戏。单词从屏幕顶部往下掉，玩家必须快速输入正确的单词来消除它们。画面要简洁美观，有一定的动画效果。当玩家输入正确的字母时，单词中对应的字母要有消失效果。"

开发过程并非一帆风顺。AI 第一次生成的游戏看起来很完整，但运行时却发现"开始"按钮无法响应。Jose 将这个问题反馈给 Claude，Claude 找到了错误并进行修复。经过几轮迭代，游戏的功能逐渐完善。

令 Jose 惊喜的是，AI 不仅理解了他的基本需求，还主动建议增添一些增强功能。在开发过程中，Jose 还尝试使用语音转文字功能，直接通过说话来描述新的功能需求，这种"对着 AI 说代码"的体验让他印象深刻。

经过多次迭代，Jose 的打字游戏最终完成了。这款名为 Tranquil Type 的游戏（如图 1-5 所示）不仅实现了他最初的设想，整体体验也远超预期。他将这款游戏分享给朋友和同事试玩，得到了非常积极的反馈。这个案例证明了 Vibe 编程在创意实现方面的强大能力，即使初期遇到技术问题，通过持续地对话和反馈，普通人也能创作出令人满意的作品。

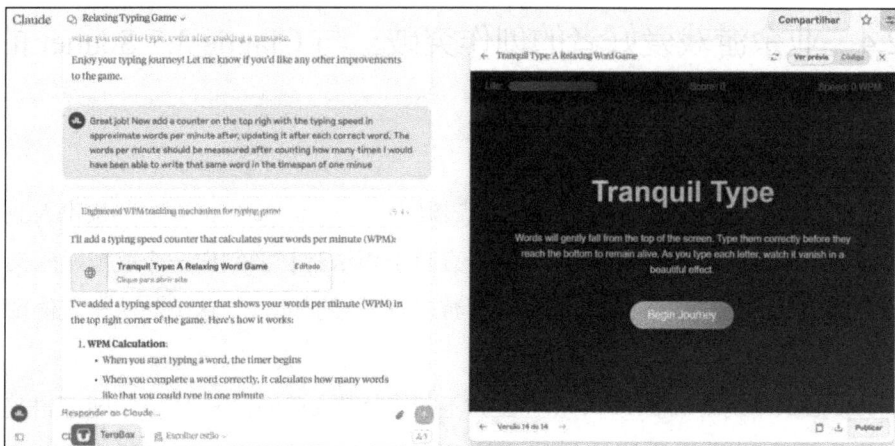

图 1-5　Tranquil Type 界面

1.2.5　Airbnb 房东的管理系统：小成本解决大问题

根据 Y Combinator 管理合伙人 Jared Friedman 在播客中分享的案例，一位 Airbnb 房东管理员 Mohannad Ali 使用 Replit 的代理工具构建并托管了完整的后端系统，如图 1-6 所示。这个案例展示了 Vibe 编程在实际商业场景中的应用价值。

图 1-6　来自 Mohannad Ali 的分享

这位房东管理员面临的挑战是：随着房源数量的增加，手工处理预订、客户沟通、清洁安排等工作变得越来越复杂。市面上的房源管理软件要么功能过于复杂，要么价格昂贵，对小规模经营者来说并不合适。

虽然对编程一窍不通，但他清楚地知道自己的业务流程和痛点所在。通过 Vibe 编程，他详细描述了自己的业务流程："我有 3 套房子，需要追踪每套房的预订情况。当有新预订时，系统要自动给客人发送包含房屋地址、入住密码、WiFi 信息的欢迎邮件。同时，在客人离开后自动安排清洁人员进行清洁。"

在 AI 的帮助下，他逐步构建了一个完整的后端管理系统。这个系统不仅实现了他最初的需求，还增加了一些意想不到的功能，如客人评价统计、收入趋势分析、设备维护提醒等。

几个月后，他发现工作效率显著提高，客人满意度也有所提升，因为自动化的沟通更加及时、准确。最重要的是，这个完全定制化的解决方案没有花费任何软件授权费用，对小企业主来说具有重要的成本优势。

这个来自 Y Combinator 真实分享的案例特别有意义，证明了 Vibe 编程不仅适用于技术爱好者或创意工作者，对于有明确业务需求的小规模经营者来说，同样具有实用价值。

这 5 个案例虽然来自不同的领域和背景，但都体现了 Vibe 编程的核心优势：让普通人能够直接将想法转化为实用的数字工具。无论是解决生活中的小问题，还是优化工作流程，Vibe 编程都打开了一扇通往数字创造的大门。值得注意的是，这些成功案例都有一个共同点：创作者专注于解决实际问题，而不是追求技术完美。

1.3　工具选对，编程效率翻倍：AI 助手选择攻略

想要在 Vibe 编程的世界里游刃有余，选择合适的工具就像选择趁手的画笔一样重要：选对了，创作变成享受；选错了，再好的想法也会被工具拖累。我见过太多朋友因为一开始选错了工具，明明有绝佳的创意，却被复杂的操作界面和漫长的等待时间搞得焦头烂额，最终放弃了 AI 编程这条路。

在众多 AI 编程工具中，有些专为零基础用户设计，有些则需要一定的技术背景。更重要的是，不同工具背后的 AI 模型能力差距巨大，这会直接影响创作体验。理解各种 AI 编程工具的差异和适用场景，有助于快速找到最适合自己的创作利器。

1.3.1 新手第一课：从 "能看懂" 开始

很多人对 AI 编程工具的第一印象都是 "太复杂了"。确实，当打开一个全英文界面，看到满屏幕的代码和专业术语时，就像第一次走进飞机驾驶舱：按钮太多，不知道从哪里开始。

真正适合新手的工具，应该能让他在 5 分钟内看到成果。

我曾经辅导过一位心理学博士学习 AI 编程。她的第一个项目是想为自己的咨询工作做一个简单的心理咨询网页。当她用自然语言描述 "我想要一个可以展示心理咨询服务和预约功能的网站"，在 3 分钟内看到一个真正可以运行的网站时，她激动得像个孩子。那一刻的成就感，比任何编程教科书都更有说服力。

这就是新手应该从 "所见即所得" 工具开始的原因：当你能够立即看到自己想法变成现实时，那种成就感会推动你继续探索更高级的功能。

在选择 AI 编程工具时，很多初学者容易忽视一个关键问题：不是所有的 AI 编程工具都使用了强大的 AI 模型。为了控制成本，有些 AI 编程工具会使用能力较弱的模型，这会直接影响生成代码的质量。对新手来说，强大的 AI 模型能够：

- 更准确地理解你的描述；
- 生成更高质量、更可靠的代码；
- 减少出错和重复修改的次数；
- 提供更流畅的交互体验。

选择拥有强大 AI 模型的工具，虽然价格稍高，但能大幅降低学习难度，这比选择免费但体验不佳的工具要明智得多。

1.3.2 价格与价值平衡的艺术

市面上主要 AI 编程工具的对比，如表 1-1 所示。很多人在选择工具时，要么只根据价格选最便宜的，要么觉得越贵越好。但实际上，工具背后的 AI 模型能力和用户体验才是决定其价值的关键因素。

表 1-1 AI 编程工具对比

工具名称	免费额度	价格	核心优势
Lovable	每天 5 条消息	$20/月	设计师友好，完整应用体验
V0	每月$5 信用	$20/月	前端界面专精，设计精美
Bolt.new	有限免费	$20/月	移动应用开发，浏览器编辑
Cursor	2 周试用	$20/月	专业开发，代码理解能力强
Windsurf	有限免费	$15/月	专业开发，代码理解能力强
Trae	完全免费	-	支持中文，专业开发

可以看到，主流 AI 编程工具的价格约每月 20 美元，这个投资的回报率其实非常惊人。以 Lovable 为例，每月 20 美元获得的是每天 5 次免费使用机会，加上付费购买的 120 次使用额度，共约 270 次使用机会。如果每天都使用，每月构建 200 个小应用完全不成问题；如果想深度构建复杂应用，每月专注打磨 10 个高质量项目也绰绰有余。

Cursor 的投资回报率同样令人印象深刻。每月 20 美元，获得 500 次快速请求和无限次慢速请求。这个额度足够开发多个完整项目，对于学习和实践来说绰绰有余。

在传统学习方式中，一门线上编程课程的费用可能达到几百甚至几千美元，而借助于 AI 时，20 美元就能获得与 AI 模型协作一个月的机会，这种性价比在教育投资中非常罕见。虽然免费工具（如 Trae）提供了零成本的体验机会，但在实际使用中可能遇到排队等待和模型能力限制等问题，这种体验对新手来说可能产生挫败感。

1.3.3 深度解析 6 大工具

要选择合适的工具，需要深入理解每个工具的独特功能和设计理念。下面详细介绍 6 款 AI 编程工具。

1. Lovable：从想法到完整应用的一站式平台

Lovable（如图 1-7 所示）最大的特点是提供完整的应用开发体验。当你描述想法时，它不仅会生成前端界面，还会自动配置数据库连接、用户认证系统，甚至集成第三方服务。它通过与 Supabase 深度集成，可以让你创建具有真实数据存储和用户管理功能的完整应用。

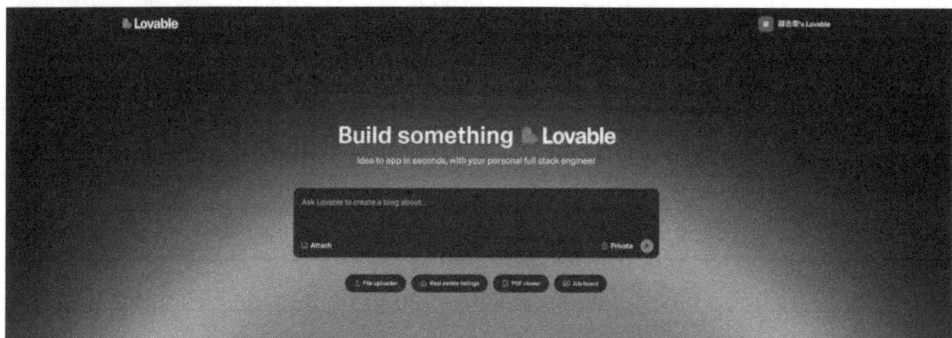

图 1-7　Lovable 首页

　　这个工具的设计哲学是"零技术门槛"。你不需要理解什么是前端、后端，也不需要知道数据库如何工作，只需要描述清楚想要什么，Lovable 就会处理所有技术细节。它特别适合产品经理、设计师或创业者快速验证商业想法。

　　Lovable 还支持一键发布网页到互联网，以及将代码自动存储到 GitHub 仓库，如图 1-8 所示。在本地修改代码后，可上传到 Lovable 使用 AI 助手继续优化，实现了云端与本地的灵活切换。

图 1-8　一键发布并存储到 GitHub 仓库

2．V0：前端界面的艺术大师

　　V0（如图 1-9 所示）专注于前端界面生成，它的强项是创建美观、现代的用户界面。V0 基于 shadcn/ui 和 Tailwind CSS，生成的代码不仅功能完整，还遵循软件设计最佳实践。它擅长理解设计需求，能够生成响应式布局、无障碍访问优化的界面。

　　V0 还支持图片上传功能：上传设计稿或截图，让它分析并生成相应的代码。这对于将图片转换为代码的场景特别有用。与 Vercel 生态系统的深度集成也让部署变得异常简单。

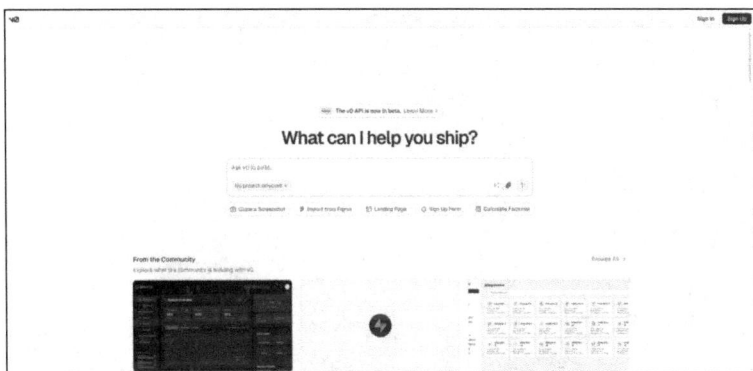

图 1-9　V0 首页

3. Bolt.new：浏览器中的全栈开发环境

Bolt.new（如图 1-10 所示）的最大特色是提供了完整的浏览器开发环境：安装 npm 包、运行后端服务、连接数据库，一切都在浏览器中完成。它支持多种主流框架，包括 React、Vue、Svelte、Next.js 等。

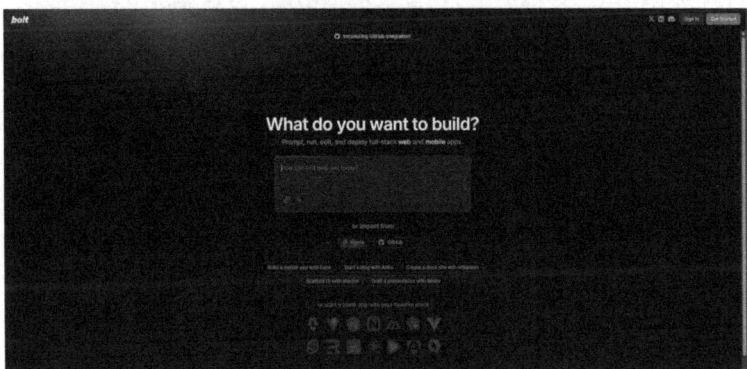

图 1-10　Bolt.new 首页

它特别适合快速原型开发和 MVP 验证，内置了与 Netlify 的部署集成，可以一键将项目部署到生产环境。对于不想配置本地开发环境的用户来说，Bolt.new 提供了理想的解决方案。

4. Cursor 和 Windsurf：专业开发者的智能伙伴

Cursor（如图 1-11 所示）和 Windsurf 是基于 VS Code 的 AI 驱动 IDE，保留了传统 IDE 的完整功能，同时深度集成了 AI 能力。它们的核心优势是对整个项目上下文的理解能力：能够同时修改多个相关文件，确保变更的一致性和完整性。

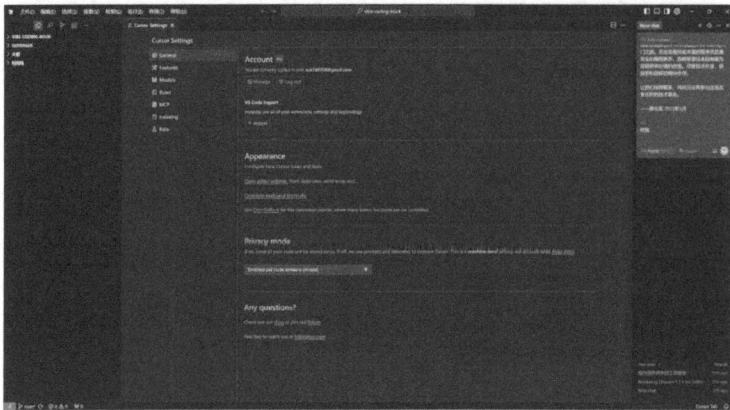

图 1-11　Cursor 界面

两者的 Agent 功能都支持多种 AI 模型，用户可以根据不同任务选择最适合的模型。它们还提供强大的代码理解和重构能力，可以分析代码问题、提供优化建议，是从 AI 辅助过渡到独立开发的最佳桥梁。

它们的另一个特色是多模态能力：能够根据截图、设计稿或文档生成相应的代码。Cursor 和 Windsurf 的自动化程度很高，在执行关键操作前会请求权限，如果出现错误会自动进行调试并修复。

5. Trae：中文用户的本土化选择

Trae（如图 1-12 所示）和 Cursor、Windsurf 类似，但最大的优势是完全中文化的界面和针对中文开发场景的优化。它内置了豆包和 DeepSeek 等国产模型，同时支持接入 GPT-4 和 Claude 等模型。

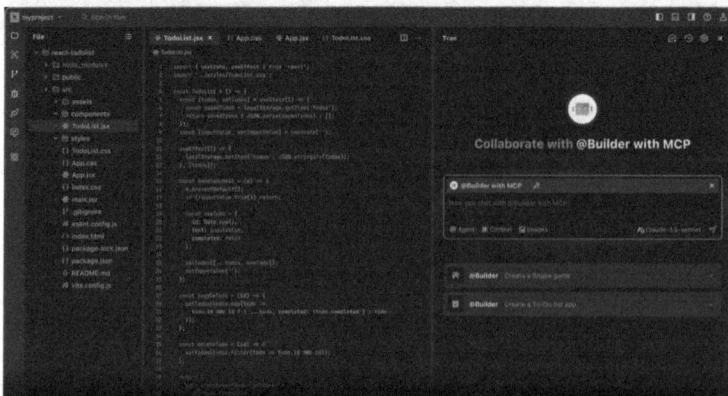

图 1-12　Trae 界面

它的 Builder 模式特别适合快速原型开发，可以通过自然语言描述快速构建完整的应用原型。作为免费工具，它为预算有限的用户提供了体验 AI 编程的机会（在高峰期可能遇到需要排队等待和模型能力受限等问题）。

1.3.4　不同工具的最佳使用场景

选择工具时，除了考虑自己的技术水平，还要考虑具体的使用场景。就像选择交通工具一样，步行适合短距离，开车适合中距离，飞机适合长距离。不同的项目需求对应不同的工具。

如果是编程新手或设计师，Lovable 是最佳选择。它不仅能够理解设计语言，还能生成符合现代设计标准的应用界面。最重要的是，它专门为非技术团队成员、产品设计师设计，根据用自然语言描述的想法，自动生成具有美观界面的完整应用程序。

一位 UI 设计师分享说，她现在用 Lovable 制作客户提案时，不再需要先画静态设计稿，而是直接生成可交互的原型。客户能够真实体验应用的功能，这大大提高了提案的成功率。

如果是专注于前端界面开发，V0 是最佳选择。V0 特别适合需要快速创建 UI 原型的开发者和设计师，能够填补开发人员和设计人员之间的空白。

如果是想开发移动应用，Bolt.new 是特别适合的选择。它在浏览器中提供完整的开发环境，无须任何本地配置，支持多种框架，在移动端应用的快速原型开发方面表现尤其出色。

如果是有编程基础的开发者，Cursor 是不错的选择。Cursor 适合日常开发维护、代码重构、Bug 修复、性能优化等场景，尤其是中大型项目、多文件协同及复杂依赖管理等场景。对有一定编程经验的开发者来说，Cursor 提供了更专业的开发体验。

1.3.5　从"体验魅力"到"掌握技巧"的 3 个阶段

很多人学习 AI 编程时会陷入一个误区：要么一直用最简单的工具，要么一开始就选择最复杂的专业工具。正确的方式应该是循序渐进，就像学乐器一样，从简单的曲子开始，逐步挑战更复杂的作品。

第一阶段：体验创造的快感（推荐 Lovable+V0）。

在这个阶段，目标不是学会编程，而是感受 AI 编程的魅力。Lovable 提供了从想法到完整应用的快速实现，V0 专注于前端界面生成，让你体验 AI 在视觉设计方面的强大能力。结合使用这两个工具，让你既能体验完整应用的开发流程，又能深入理解前端设计的精髓。

第二阶段：理解创造的原理（推荐 Bolt.new +Trae）。

对 AI 编程有基本认知后，需深入理解其工作原理。Bolt.new 的最大优势是整个编辑器都在浏览器中运行，无须下载安装任何软件，这降低了技术门槛。它支持多种技术栈；通过使用不同的技术组合，能帮你将逐渐理解前端、后端、数据库等概念的区别和联系。

Trae 提供了完全中文化的界面，对中文用户更加友好。虽然在高峰期可能需要排队等待，但作为完全免费的工具，就学习阶段而言，这样的成本是可以接受的。

第三阶段：掌握创造的技巧（推荐 Cursor 或 Windsurf）。

对 AI 编程有较深的理解后，就可以考虑使用专业级工具了。Windsurf 的优势在于对代码的深度理解，擅长代码分析任务，如项目重构、架构优化、依赖分析等；而 Cursor 在生成代码的质量和开发效率方面表现出色。

这个阶段就像从自动挡汽车升级到手动挡跑车，虽然操作更复杂，但拥有更精确的控制能力，可以实现更复杂的业务逻辑。

1.3.6　避开新手常见的选择陷阱

在选择工具时，新手经常会犯一些错误。我见过太多人因为选择不当而半途而废，非常可惜。

陷阱 1：被"免费"绑架。 免费工具往往在用户体验上有所妥协，例如在实际使用中可能遇到响应速度慢、排队等待时间长、AI 模型能力有限等问题。这些问题对新手来说尤其致命，因为频繁的挫败感会打击学习积极性。

在选择工具时，应该把用户体验和 AI 模型能力放在首位，而不是只考虑价格。

陷阱 2：忽视学习曲线的重要性。对新手来说，选择学习曲线平缓、即时反馈明显的工具很重要。Lovable 和 V0 在这方面做得很好，让新手能够快速看到成果，建立信心。

相比之下，一些专业工具虽然功能强大，但学习成本高，对新手不够友好。

陷阱 3：追求"万能工具"。很多人希望找到能解决所有问题的万能工具，但这样的工具往往不存在。每个工具都有自己的优势领域，正确的做法是根据具体需求选择最合适的工具，甚至在一个项目中组合使用多个工具。

陷阱 4：被功能列表迷惑。功能多不等于好用。有些工具宣传自己有几十种功能，但在实际使用中可能只用到其中的几种。对新手来说，简单易用、AI 模型强大比功能丰富更重要。

1.3.7 价格变化的提醒

需要特别提醒的是，AI 编程工具的价格在快速变化中。例如，Bolt.new 从最初的每个月$9 涨到了$20，而一些新工具为了快速获得用户，可能采用限时免费的销售策略。

因此，表 1-1 提供的价格信息仅供参考，建议在做出最终决策前，访问各工具的官方网站以获取最新的价格信息。同时，关注价格变化趋势也有助于做出更明智的长期规划。

记住，选择工具的最终目标是帮助我们更好地实现想法。最贵的不一定最好，最便宜的也不一定最差，最关键的是找到能让你在当前阶段快速成长、体验流畅的工具。在 Vibe 编程的世界里，**工具只是手段，创造力才是核心**。

第 **2** 章

4 步创作法+5 大技巧，30 分钟实现从想法到产品

本章将介绍使用 Vibe 编程将想法变为产品的方法与技巧，主要内容如下。

- 4 步创作法：介绍"发现→构思→精炼→实现"的标准流程，以及创作需要的完整工具链。
- 与 AI 沟通的核心技能：介绍万能提示词公式和 5 大技巧，助你准确表达需求。
- 反馈表达法：如何通过迭代优化让产品从"能用"升级到"好用"。
- 建立产品经理思维：学会拆解复杂项目、运用 MVP 策略和系统性问题分析。
- 5 个常见问题：解决新手最容易遇到的准备不足、完美主义等问题。

2.1 核心理论：零代码基础实现从想法到产品

想象一下，你正在和一位世界级的大厨学习烹饪。这位大厨不仅技艺精湛，而且他有一套完整的烹饪哲学和标准化的工作流程。无论是简单的家常菜还是复杂的法式料理，他都能用同样的方法论指导你完成。

Vibe 编程就是这样一套完整的创作方法论：它不仅仅是与 AI 对话的技巧，更是一套能够快速将想法转化为可用产品的系统性方法。

在传统的软件开发中，将想法变成可用的产品往往需要几个月甚至几年的时间。程序员需要编写数万行代码，设计师需要反复修改界面，产品经理需要协调各方需求。

但使用 Vibe 编程，这个过程可以被压缩到 30 分钟。

2.1.1 4 步创作法：从想法到产品的标准流程

经过上百个项目的验证和上百位零编码基础学员的亲身实践，我们总结了 Vibe 编程的 4 步创作法：发现（Discover）、构思（Ideate）、精炼（Refine）和实现（Implement）。

第一步，发现：找到真正值得解决的问题。

很多人急于动手制作产品，却忽略了最重要的几个问题：这个产品到底要解决什么问题？为谁解决？在什么场景下解决？

在这个阶段，需要像资深侦探一样，通过观察、访谈、分析来挖掘用户的真实痛点。例如，你可能觉得需要做一个"更好的笔记软件"，但通过深入的用户访谈发现，真正的问题不是笔记软件本身，而是人们缺乏有效的知识整理和回顾机制。

发现阶段的成功标准是，能够用一句话清楚描述要解决的核心问题，并且这个问题是真实存在于用户群体中的。一位背景是产品经理的学员分享说："经过发现阶段，产品的成功率提升了 100%，因为避免了创作没人需要的产品。"

第二步，构思：将问题转化为具体的解决方案。

这个阶段需要发挥创造力，同时保持理性的判断。你需要思考：用什么样的产品形态来解决这个问题最有效？目标用户会在什么场景下使用这个产品？产品的核心价值是什么？

在构思阶段，一个重要的技巧是"场景故事法"，即为产品构建具体的使用场景，详细描述用户是谁、在什么情况下、为了什么目的使用你的产品。例如，35 岁的营销经理小王，在每周一的例会前，用这个工具快速生成上周的数据分析报告，让他能够专注于策略讨论而不是数据整理。

场景故事不仅有助于明确产品定位，更重要的是为后续的提示词提供清晰的上下文：AI 能够更好地理解你的需求，生成更符合预期的产品原型。

第三步，精炼：采用 MVP（最小可行性产品）策略，将复杂的解决方案精简为最核心的价值点。

这个阶段是 4 步创作法的关键，也是区分新手和高手的重要标准。很多人在这个阶段会犯一个致命错误：想要一次性实现所有能想到的功能。

精炼阶段需要你不断地问自己：这个功能是解决核心问题必需的吗？用户没有这个功能就无法获得基本价值吗？如果答案是否定的，那就暂时去掉这个功能。一位成功的独立开发者说："学会说'不'是产品成功的关键；我现在的产品只有 3 个核心功能，但每个功能都做得非常出色。"

第四步，实现：将核心价值点转化为真实可用的产品。

在这个阶段，需要借助于 Vibe 编程的标准工具链，通过与 AI 的高效协作来快速构建产品原型。这个阶段的成功关键不在于技术能力，而在于沟通能力。你需要学会用 AI 能够理解的方式来描述需求，包括功能逻辑、界面布局、交互方式等。同时，你还要掌握迭代优化的技巧，通过多轮对话来不断完善产品。

实现阶段的另一个重要特点是"边做边学"：不需要等到完全掌握所有技术细节才开始动手，而是在创作过程中逐步学习和改进。这种学习方式更加高效，也更有成就感。

从个人效率工具到企业级应用，从教育软件到电商平台，这套方法论都展现出了惊人的适用性和可靠性。一位使用这套方法的创业者学员说："用传统方式开发一个产品原型需要 3 个月，现在用 4 步创作法，一个下午就能完成。"

2.1.2   标准工具链：让创作过程如行云流水

掌握了 4 步创作法的理论框架后，还需要一套标准化的工具链来支撑实际的创作过程。这套工具链包括分析工具、开发工具和优化工具。

这套工具链经过了大量实践的验证和优化，每个工具都在创作流程中承担着特定的角色。掌握这些工具的使用方法后，就能够将 4 步创作法落实到具体的操作中，让抽象的方法论变成可执行的工作流程。

分析工具：让思路更清晰。

在发现和构思阶段，主要使用的是分析工具。这些工具可以帮助我们梳理需求、设计 MVP 方案、创建产品流程图。这里推荐两个好用的工具：DeepSeek 和 Mermaid。

DeepSeek 不仅是强大的语言模型，更是需求分析助手，其独特价值在于能够帮你进行结构化思考。

有模糊的产品想法后，可借助 DeepSeek 来明确需求边界、用户画像、功能优先级等关键要素。例如，当你说"我想做一个学习工具"时，DeepSeek 会引导你思考：这是给什么年龄段的学习者用的？要解决学习过程中的什么具体问题？在什么场景下使用？

Mermaid 专门用于创建产品流程图。流程图看似技术性很强，却是帮助厘清产品逻辑的最佳工具。借助清晰的流程图，可明确完整的产品使用路径、发现可能存在的逻辑漏洞，为后续开发提供明确的指导。

一位产品经理分享说："在开发前我习惯先用 Mermaid 画出完整的产品流程图，这能让我提前发现很多问题，避免后期的大量返工。"

开发工具：让想法变成现实。

在精炼和实现阶段，需要的是能够快速将抽象构想转化为具体产品的开发工具。1.3.3 节介绍了 6 种 AI 编程工具（Lovable、V0、Bolt.new、Cursor、Windsurf 和 Trae），下面介绍它们在 4 步创作法中的定位和协作方式。

在实现阶段，Lovable 扮演着"产品孵化器"的角色。完成前 3 步的发现、构思和精炼后，Lovable 能够理解你的完整产品构想，并将其转化为可运行的应用原型。它的价值不仅在于代码生成，更在于能够处理产品开发中的各种技术细节，让你能够专注于产品本身而不是技术实现（从数据库设计到用户认证，从界面布局到功能逻辑）细节。

一位产品经理分享说："用 Lovable 开发产品就像用乐高积木搭建模型，你只需描述想要的结果，它就会自动选择合适的'积木'并组装起来。"

在 4 步创作法的框架下，不同工具承担着不同的角色。如果产品重用户界面体验，V0 可帮助快速迭代界面设计；如果需要开发移动应用，Bolt.new 可提供完整的移动开发环境。关键是要根据在精炼阶段确定的产品特性，选择最合适的工具组合。

优化工具：让产品更加完善。

基础原型完成后，需要进行更精细地调整和优化。这时候，GitHub 和 Cursor 的组合就体现出了专业级代码管理的价值。但在 4 步创作法的语境下，这个组合的价值不仅体现在技术层面的代码优化，更体现在产品迭代和版本管理等重要环节。

GitHub 在 4 步创作法中扮演着"产品档案馆"的角色。每次迭代、每个版本的改进都被完整记录，让你能够清晰地追踪产品的演进过程。在实现阶段发现某个功能需要调整时，可放心大胆地进行实验，因为随时可以回到之前的稳定版本。

Cursor 则是"精雕细琢助手"。在 4 步创作法的实现阶段，产品的核心功能已经实现，但可能需要对一些细节进行微调，如调整界面元素的位置、优化用户交互流程、修复小的功能缺陷。Cursor 的 AI 助手能够理解你的优化意图，并提供精确的修改建议，让你能够在不破坏整体架构的前提下完善产品细节。

工具组合的真正价值在于，为 4 步创作法的迭代特性提供支持。创作过程很少是线性的，你可能在实现阶段发现需要回到构思阶段重新思考某个功能，或者在优化过程中产生了新的精炼想法。GitHub 和 Cursor 的组合让这种迭代变得安全、高效，确保每次改进都是在稳步提升。

2.1.3　核心设计原则：让每个产品都有灵魂

核心设计原则就像产品的灵魂，决定了产品最终的品质和用户体验。这些原则不是抽象的理论，而是经过大量实践验证的具体指导思想。

MVP 原则：先求有，再求好。

MVP 原则是 Vibe 编程中最重要的设计原则之一，其核心思想是：用最少的功能实现产品的核心价值，以快速验证产品的可行性，然后再逐步完善和扩展。

很多初学者容易犯完美主义的错误：想要一次性做出功能完备、界面精美的产品。但实际上，这种做法既低效又高风险。低效是因为将大量时间花费在可能不需要的功能上；高风险是因为无法及时验证产品是否真的解决了用户问题。

正确的做法是，先创建一个只包含核心功能的简单版本，让真实用户试用并收集反馈，再根据反馈决定下一步的改进方向。这种方法不仅效率更高，而且能够确保产品始终朝着正确的方向演进。

一位成功的产品经理分享了他的经验："我现在做产品都是先用两天时间做出 MVP，再花两周时间收集用户反馈和数据分析，最后用一周时间进行优化。这样的节奏让我能够快速验证想法，避免在错误的方向上浪费时间。"

除了 MVP 原则，Vibe 编程还有 3 个重要的设计原则——实用、简单和优雅，它们共同构成了优秀产品的基本特征。

（1）产品的存在价值在于**实用**，即能够解决真实的问题，而不是炫耀技术。每个功能、每个设计决策都应该围绕着"如何更好地解决用户问题"来进行。在产品设计中遇到选择方面的疑惑时，问问自己：这个选择能让用户更容易达成目标吗？

（2）**简单**不等于简陋，而是经过深思熟虑的精炼。这意味着去掉所有不必要的元素，突出最重要的功能，让用户能够在最短时间内完成任务。

在信息过载的时代，最稀缺的资源是注意力，而非功能。简单易用的产品比功能复杂的产品更容易获得用户的青睐。

（3）**优雅**不仅仅是视觉上的美观，更是整体体验的和谐、统一。优雅的产品能够在功能逻辑、界面设计、交互方式等方面呈现一致性和连贯性。

实用、简单和优雅，这 3 大原则之间是相互促进的关系。**简单的设计更容易做到实用，实用的功能更容易呈现优雅的体验，而优雅的体验又会让简单和实用变得更有价值**。一位设计师说："当我开始用 MVP、实用、简单和优雅这些原则来指导设计时，用户对产品的满意度明显提升了。因为产品不再是功能的堆砌，而是有灵魂的作品。"

掌握这些核心设计原则后，你就具备了开发优秀产品的基本素养。无论是制作个人工具还是开发商业应用，这些原则都将成为重要的指导原则。

2.2 核心技能：让 AI 秒懂你想要什么

掌握 4 步创作法的整体框架后，很多人会迫不及待地想要进入"实现"阶段，开始与 AI 协作创造产品。但这时候，他们往往会遇到一个挑战：**如何让 AI 准确理解自己的需求**。

想象一下，你走进一家餐厅，服务员问你想吃什么，你回答"随便来点好吃的"。结果上来的菜品可能完全不符合你的口味：太辣、太咸，或者你根本就不喜欢这种菜系。这就是很多人在使用 Vibe 编程时遇到的第一个问题：AI 就像服务员，需要你给出明确而具体的提示词，才能"烹饪"出满意的作品。

在传统编程中，程序员需要用代码告诉计算机每一步该怎么做。而在 Vibe 编程中，需要用自然语言告诉 AI 想要什么结果。这听起来简单，但实际上，如何与 AI 有效沟通是一门学问。根据实际调研，超过 80%的 Vibe 编程新手在最初的几次尝试中，都因提示词不够清晰而得不到满意的结果。

但好消息是，一旦掌握了与 AI 沟通的技巧，整个创作过程就会变得如行云流水般顺畅。无论是使用标准工具链中的 Lovable 快速搭建应用原型，还是使用 DeepSeek 进行需求分析，抑或是使用 Cursor 优化代码细节，这些沟通技巧都将成为你的核心竞争力。一位使用 Vibe 编程的创业者曾分享说："我花了两周时间学会如何准确描述需求，在接下来的 3 个月里，我用这套方法快速搭建了 5 个产品原型，它们都精准满足了某些需求。"

2.2.1 具体化描述：为什么"做个网站"不如"做个蓝白色调的技术博客"

很多人初次尝试 Vibe 编程时，最容易犯的错误是使用过于宽泛的描述。他们会说"帮我做个网站"、"创建一个管理系统"或"设计一个移动应用"。这样的提示词犹如告诉厨师"做个好吃的"一样，缺乏足够的信息让 AI 理解真实需求。

假设两个人都想创建一个技术博客网站，第一个人对 AI 说："帮我做个网站"，第二个人对 AI 说："创建一个蓝白色调的技术博客网站，主要分享 Python 编程教程，首页展示最新 5 篇文章的摘要和封面图片，文章支持代码高亮显示，右侧边栏包含文章分类、标签和作者简介，底部有评论功能。"

第一个人可能得到一个通用的企业官网模板，包含公司介绍、产品展示、联系我们等页面，完全不符合博客网站的需求。而第二个人将得到一个专门为技术写作优化过的博客网站，每个功能都能精确符合预期。

具体化描述的核心在于细节的累积效应。每一个具体的描述都会引导 AI 朝着更准确的方向前进。当你说"蓝白色调"时，AI 就不会生成红黑配色的方案；当你说"Python 编程教程"时，AI 就会考虑代码展示的需求；当你说"代码高亮显示"时，AI 就会集成相应的组件。

一位技术博主在学会具体化描述前，尝试了七八次都没能得到满意的网站原型。但当他开始详细描述每个页面的布局、颜色、功能时，第二次尝试就得到了几乎完美的结果。他说："我意识到，AI 其实比人类更需要详细的说明书。"

具体化描述不仅影响功能实现，更重要的是影响用户体验的连贯性。在描述足够具体时，AI 能够创建出风格统一、逻辑一致的产品。相反，模糊的描述往往导致各个部分看起来像是不同人设计的，缺乏整体感。

具体化描述的一个重要作用是，帮助你自己更清楚地思考需求。当你开始详细描述想法时，通常会发现原本模糊的概念变得更清晰了，甚至会意识到一些之前没有考虑到的重要细节。

一位餐厅老板在描述点餐系统需求时，原本只想到"方便点餐"这个基本功能。但开始具体描述顾客的使用流程时，他意识到还需要考虑如下细节：座位号管理、厨房出餐提醒、特殊需求备注、支付方式选择等。最终 AI 生成的系统比他最初想象的更加完善、实用。

具体化描述的另一个作用是，减少修改次数。如果初始描述足够准确，AI 第一次生成的结果就会比较接近预期。相反，如果初始描述过于模糊，往往需要多轮修改才能达到满意的效果，不仅浪费时间，还可能在修改过程中偏离最初的设想。

一位创业者分享说："我现在会花 30 分钟来精心准备产品描述，再用 2 小时得到满意的原型。以前我用 5 分钟草草描述需求，结果要花一整天来反复修改。"

要掌握具体化描述，最有效的练习方法是"**5W1H**"：Who（用户是谁）、What（做什么功能）、When（什么时候使用）、Where（在什么环境下使用）、Why（为什么需要）、How（如何实现）。

当你能够清晰地回答这 6 个问题时，描述就会自然而然地变得具体而准确。例如，在创建学习应用时，你会这样描述："目标用户是准备考研的大学生（Who），主要功能是制订学习计划和跟踪进度（What），通常在晚上复习时和早上起床后使用（When），既要支持在宿舍的电脑上使用，也要支持在图书馆里的手机上使用（Where），帮助学生保持学习动力和掌握复习节奏（Why），通过图表可视化进度和定时提醒来实现（How）。"

这样的思考过程可确保描述涵盖所有重要维度，AI 能据此创建出真正符合用户需求的产品。

2.2.2　万能提示词公式：背景信息+具体任务+输出要求+约束条件

下面是一个结构化的提示词模板：

万能提示词=背景信息+具体任务+输出要求+约束条件。

下面以创建一个帮助小学生数学学习的应用为例，介绍这个提示词模板的各部分。

你要创建一个帮助小学生学习数学的应用。如果直接对 AI 说"帮我做个数学学习软件"，AI 可能会给你一个过于复杂的高等数学计算器，或者一个过于简单的四则运算练习器。但如果你使用结构化的方式来描述需求，结果就会大不相同。

背景信息，是告诉 AI 应该从什么角度来理解和处理需求。你可以对 AI 说说："我是一位有 10 年教学经验的小学数学老师，希望帮助二年级学生更好地掌握加减法运算。"这能让 AI 从教育专家的角度来思考问题，而不是从程序员或者普通用户的角度。

具体任务，明确说明你希望 AI 具体完成什么工作，是整个指令的核心。你可以对 AI 说："创建一个交互式的数学练习应用，帮助二年级学生掌握加减法运算。"相比于模糊的"数学学习软件"，这样的描述能够让 AI 精确把握产品的定位和方向。

输出要求，是进一步明确功能特性和用户体验要求。例如："应用需要包含游戏化元素，每道题目都配有可爱的卡通插图，答对题目后有音效奖励，还要有进度追踪功能让家长了解孩子的学习情况。"

这些要求让 AI 知道你希望它不仅是一个练习工具，更是一个能够激发孩子学习兴趣、方便家长监督的完整解决方案。

约束条件，是告诉 AI 不能做什么，或者在什么限制条件下工作。例如："界面要简洁、易懂，不使用复杂的菜单结构，单次练习时间控制在 10 分钟以内，适配手机和平板电脑使用。"

约束条件往往被新手忽略，但它们是确保最终产品符合实际使用场景的关键因素。没有约束的创作很容易变成天马行空的想象。

2.2.3 5 大技巧：从模糊想法到精确指令

介绍万能提示词公式后，下面介绍将脑海中模糊的想法转化为 AI 能够理解的精确指令的 5 个技巧。

技巧 1：场景具象化。很多人在描述需求时习惯使用抽象的概念，如"用户友好的界面"或"高效的工作流程"。但 AI 需要的是具体的画面描述。

以创建团队协作工具为例，与其说"界面要友好"，不如说"团队成员打开应用后，首先看到的是今天的任务清单，每个任务显示负责人头像、完成状态和截止时间，点击任务卡片就能看到详细信息和讨论记录"。这样的描述让 AI 能够"看到"具体的界面布局和交互流程。

我们的学员中有一位产品经理，她在使用这个技巧前，AI 给她的总是功能混乱、界面复杂的原型。但当她开始详细描述用户使用场景后，AI 生成的产品变得直观、易用。她说："我学会了像导演一样描述每个场景，告诉 AI 用户在什么情况下，为了什么目的采取什么行动。"

技巧 2：对标参考法。很难准确描述想要的效果时，最有效的方法是将现有的成功产品作为参考。但这里的关键不是简单地说"像某某产品一样"，而是要指出具体学习哪些方面。

例如，如果想创建一个在线学习平台，可以这样描述："课程展示页面参考网易云课堂的布局，左侧是视频播放区域，右侧是课程大纲和笔记功能；用户登录流程参考微信的设计，支持手机号快速登录；支付页面参考淘宝的样式，清晰显示价格和优惠信息。"

这种方法的优势在于，AI 能够参考成熟产品的设计逻辑和用户体验模式，避免重新发明轮子。一位教育创业者使用这个技巧后说："我发现不需要从零开始设计所有交互方式，而是借鉴最佳实践，再在细节上做出创新。"

技巧 3：限制条件明确化。这是很多新手容易忽略的关键环节。AI 的创造力很强，但如果没有明确的限制条件，它往往会生成过于复杂或者不符合实际需求的方案。

举个例子。如果要创建一个餐厅点餐系统，需要明确说明："系统只需支持堂食点餐，不包含外卖配送功能；菜单分类不超过 8 个，每个分类下的菜品不超过 15 道；不需要会员积分系统；界面要适合老年顾客使用，字体要大，操作要简单。"

这些限制条件帮助 AI 聚焦在核心功能上，避免创建一个包含外卖、积分、优惠券、库存管理等一体化的复杂系统。一位餐厅老板在学会这个技巧后感慨："之前我总觉得功能越多越好，但实际上，简单易用的系统更能提高服务效率。"

技巧 4：分步骤描述。复杂的产品往往包含多个功能模块和使用流程，如果一次性描述所有需求，AI 容易产生混乱。更好的方法是按照用户使用的时间顺序，分步骤描述每个环节的需求。

以创建健身教练预约平台为例，可以这样组织描述："第一步，用户注册和登录，需要填写基本信息和健身目标；第二步，浏览教练列表，可以按专业方向、价格、评分进行筛选；第三步，查看教练详情页，包含专业背景、学员评价和可预约时间；第四步，选择时间段并完成支付；第五步，课程结束后进行评价和反馈。"

这种分步骤的描述方式能够让 AI 理解完整的业务流程，确保每个环节都得到适当的设计。一位健身行业的创业者使用这个方法后说："AI 不仅创建了所有必要的页面，还自动处理了不同步骤之间的数据传递逻辑。"

技巧 5：迭代反馈循环。很少有人能在第一次就给出完美的提示词，更常见的情况是通过多轮沟通来完善需求。关键是要学会如何给 AI 提供有效的反馈。

AI 生成初版产品后，不要简单地说"不好"或"不是我想要的"，而要具体指出哪些地方需要调整。例如，"登录页面的设计很好，但是注册流程太复杂，能否简化为只需要手机号和密码？另外，主页的颜色太鲜艳，希望改用更商务化的蓝灰色调。"

这种具体的反馈让 AI 能够在保留满意部分的情况下，精确调整不符合预期的地方。一位设计师分享经验说："我学会了像审稿编辑一样提供反馈，既指出问题，也说明期望的改进方向。这样的沟通效率特别高。"

2.3　进阶操作：让 AI 持续优化作品

想象一下，你正在和一位非常聪明但缺乏经验的助手合作。这位助手能力很强，但需要你不断地指导和纠正。4 步创作法的"实现"阶段就是这样一个过程：不是一次性就能得到完美结果，而是通过持续的对话和反馈，让 AI 一步步理解你的真正需求，最终创造出令人满意的作品。

这个过程就像雕刻师面对一块原石，不会指望第一锤就敲出完美的作品，而是通过无数次精准的敲击，逐渐让理想的形状显现出来。在 Vibe 编程的"实现"阶段，你的每次反馈都是一次精准的"敲击"，帮助 AI 理解什么是对的，什么需要改进。

当你学会并使用万能提示词公式进行初次沟通后，将发现 AI 生成的第一版产品往往只是起点。真正让产品从"能用"变成"好用"、从"基础"变成"优秀"的，正是"迭代反馈循环"技巧的深度应用。

2.3.1　迭代优化的艺术：如何准确指出不满意的地方

迭代优化的核心在于学会"精准表达不满意"。这听起来简单，但实际操作中很多人会陷入两个极端：要么说得太模糊，让 AI 猜不到你的真实意图；要么一次性提出太多要求，让 AI 无所适从。

举个例子。假设按照万能提示词公式的指导，你成功地让 AI 制作了一个个人待办事项应用，但发现界面太朴素了。

错误的反馈方式：

> 这个界面太丑了，重新做一个好看的版本。

这样的反馈就像告诉厨师"这道菜不好吃，重新做"，厨师根本不知道问题出在哪里。AI 收到这样的反馈，很可能会重新设计界面，但新版本可能和预期相去甚远。

正确的反馈方式：

> 当前界面功能正确，但视觉效果需要优化。请保持现有布局不变，将背景色改为淡蓝色并增加渐变效果，按钮采用圆角设计，字体改为无衬线字体，整体风格要简洁专业。

注意这个反馈的结构：**肯定正确的部分（功能），明确指出需要改进的具体方面（视觉效果），给出详细的改进方向。**

这样的反馈让 AI 能够精确理解需求，进而既不破坏已有的好东西，又能针对性地改进不满意的地方。

持续迭代的一个关键是要**建立"对话历史"的概念**。每次对话都应该基于前一次的结果，而不是从零开始。

在个人待办事项应用例子中，如果对第二版的颜色满意，但觉得按钮太小，你应该这样说：

> 颜色和字体都很好，请保持不变。将所有按钮的尺寸增大 20%，让用户更容易点击。

这种递进式的反馈方式能够让 AI 快速聚焦到具体问题上，避免在已经解决的问题上浪费时间。

有时候，可能需要在功能层面进行迭代。假设个人待办事项应用已经能够添加和删除任务，但你希望增加优先级标记功能。有效的反馈方式：

> 添加和删除功能保持不变。请在每个任务项目旁边添加一个星号按钮，点击后可以将任务标记为高优先级，高优先级任务使用红色文字显示，再次点击星号可以取消高优先级标记。

这个反馈明确地告诉 AI：不要修改现有功能，只是增加新功能，并且详细说明了新功能的交互逻辑。

迭代优化有一个重要原则：一次只改一个问题。虽然可能同时发现多个问题，但最好分步解决。这样做有两个好处：一是可以清楚地看到每次改动的效果；二是如果某次改动出现问题，容易定位和回滚。

2.3.2　错误反馈技巧：直接复制错误信息比描述更有效

在 4 步创作法的"实现"阶段，遇到错误是家常便饭。但很多初学者在面对错误时，总是试图用"自己的话"来描述问题，这往往让 AI 产生误解。实际上，处理错误有一个黄金法则：让错误信息自己"说话"。

想象一下。你的车坏了，你是愿意听修理工说"发动机好像有问题"，还是愿意看到具体的故障代码？当然是后者，因为故障代码包含了精确的技术信息，能够帮助工程师快速定位问题。AI 处理代码错误也是同样的道理：**错误信息本身就是最准确的问题描述**。

举个例子。假设你让 AI 制作一个天气查询应用，运行时出现了错误。

错误的反馈方式：

> 我的天气应用打不开，好像是网络连接的问题。请你帮我看看怎么修复。

这样的描述充满了猜测和模糊信息。"打不开"可能有很多种情况，"好像是网络连接的问题"更是主观判断，AI 收到这样的反馈，只能根据常见情况来猜测可能的解决方案。

正确的反馈方式：

> 应用运行时出现如下错误信息：
>
> ```
> Error: fetch failed
>     at Object.fetch (node:internal/deps/undici/undici:11457:11)
>     at process.processTicksAndRejections(node:internal/process/task_
> queues:95:5)
>     at async getWeatherData (/src/weather.js:15:20)
> ```
>
> 请帮我修复这个问题。

直接复制粘贴错误信息，AI 立即就能理解问题的本质：这是一个网络请求失败的错误，发生在 weather.js 文件的第 15 行的 getWeatherData 函数中。基于这项精确信息，AI 能够提供针对性的解决方案，如添加错误处理、检查 API 端点配置等。

浏览器控制台的错误也是同样的道理。很多初学者看到红色的错误信息就紧张，试图用自己的话来描述"页面显示不正常"或"按钮点击没反应"。但实际上，浏览器控制台的错误信息就像医生的诊断报告，包含了准确的问题定位。

当个人博客网站的某项功能出现问题时，如果打开浏览器的开发者工具（输入 F12），可能看到这样的错误：

```
Uncaught ReferenceError: savePost is not defined

    at HTMLButtonElement.<anonymous> (blog.html:45)

    at HTMLButtonElement.dispatch (jquery.min.js:2)
```

不要尝试翻译这个错误，直接复制给 AI，并说：

> 我的博客保存功能不正常，控制台显示如下错误，请帮我修复。

AI 将立即确定这是一个函数未定义的问题，发生在 blog.html 的第 45 行，并提供相应的解决方案。

但是，仅仅复制错误信息还不够，还需要提供一些上下文信息，帮助 AI 更好地理解情况。完整的错误反馈应该包含如下 3 个部分。

（1）想要实现的功能。

> 我正在制作一个在线计算器，希望用户输入两个数字后点击加法按钮得到结果。

（2）具体的错误信息。

> 但是点击按钮时出现如下错误：
>
> TypeError: Cannot read property 'value' of null
>
>   at calculate (calculator.js:12:5)
>
>   at HTMLButtonElement.onclick (calculator.html:25:13)

（3）简单的操作步骤。

> 错误出现的步骤：打开页面→在第一个输入框输入 5→在第二个输入框输入 3→点击加法按钮→出现错误

这样的完整反馈能够让 AI 准确理解你的意图、问题的具体表现和触发条件，从而提供最有效的解决方案。

记住，错误信息不是敌人，而是最好的助手，它们就像侦探案件中的线索，指向问题的真相。学会"让错误信息说话"，你的 Vibe 编程之路将更加顺畅。

2.3.3 渐进式改进：从"能用"到"好用"的升级路径

很多初学者在使用 Vibe 编程时有个误区：期望 AI 一次性做出完美的产品。真正高效的 Vibe 编程遵循的是"渐进式改进"的原则。

渐进式改进的核心思想源于软件开发中的敏捷方法，但在 Vibe 编程的"实现"阶段有着独特的应用。渐进式改进过程可以分为 3 个阶段，这 3 个阶段恰好对应 2.1.3 节介绍的实用、简单和优雅原则：

- "能用"阶段体现"实用"原则，确保产品能够解决真实问题；
- "好用"阶段体现"简单"原则，让产品使用起来轻松愉快；
- "爱用"阶段体现"优雅"原则，让产品在各个方面都呈现和谐、统一的体验。

这种对应关系不是巧合，而是产品演进的内在逻辑。

第一阶段：让产品"能用"。

这个阶段的目标非常简单：验证核心功能是否可以实现。就像造房子要先搭建框架一样，你需要先确保产品的基本功能能够正常运行。这不仅是 MVP 原则在实际操作中的体现，更是"实用"设计理念的核心要求：产品的价值在于解决真实的问题，而不是炫耀技术能力。

以制作个人财务管理工具为例。在"能用"阶段，只需要关注最核心的功能：

> 请帮我创建一个简单的财务记录应用。用户可以添加收入和支出记录，每条记录包含金额、类别和日期。页面显示所有记录的列表和当前余额。功能要简单，界面可以很基础。

注意这个描述中强调的重点：功能要简单，界面可以很基础。这是"能用"阶段的关键特征：不追求完美，只追求可用。AI 生成第一版后，你应该立即测试：能否添加记录？能否计算余额？数据是否正确？

如果基本功能都正常，恭喜你，第一阶段成功了。如果有问题，不要急着添加新功能，而要专注于修复现有问题。例如，如果添加记录后余额计算错误，应该这样反馈：

> 添加记录的功能正常，但余额计算有问题。当我添加收入 100 元后，余额显示为-100。请修复余额计算逻辑，收入应该增加余额，支出应该减少余额。

第二阶段：让产品"好用"。

核心功能稳定运行后，就可以进入"好用"阶段。这个阶段的重点是改善用户体验，让产品使用起来更加顺畅。

继续财务管理工具的例子。在"好用"阶段，你可能提出这样的改进：

> 现有功能运行良好。现在希望优化用户体验：
>
> 1．在添加记录时，金额输入框应该自动聚焦，方便快速输入；
>
> 2．类别选择改为下拉菜单，预设餐饮、交通、购物等常用类别；
>
> 3．日期默认为今天，但用户可以修改；
>
> 4．添加记录后，输入框自动清空，准备下一次输入；
>
> 5．记录列表按时间倒序排列，最新的记录在顶部。

这些改进不会改变核心功能，但会显著提升用户体验。用户不需要每次都手动选择日期，不需要记住类别名称，也不需要在添加记录后手动清空输入框。

"好用"阶段的另一个重要方面是增加必要的辅助功能，例如：

> 请添加如下辅助功能，但不要改变现有的核心功能。
>
> 1．删除记录功能：在每条记录旁边添加删除按钮。
>
> 2．简单统计：显示本月总收入、总支出和净收入。
>
> 3．基础验证：金额必须大于 0，类别不能为空。
>
> 4．确认对话框：删除记录前请用户确认。

第三阶段：让产品"爱用"。

这个阶段关注的是产品的精致度和个性化，让用户产生情感连接，愿意长期使用。这个阶段的改进往往涉及视觉设计、个性化设置和高级功能，完美体现了"优雅"设计理念：优雅不仅仅是视觉上的美观，更是整体体验的和谐统一。用户在使用过程中会感到自然流畅，不会遇到突兀或困惑。

请为应用添加如下精细化改进。

1. 视觉优化：使用现代的渐变背景，卡片式设计显示记录，添加适当的阴影效果。

2. 图标支持：为不同类别添加相应的图标（餐饮用餐具图标，交通用汽车图标等）。

3. 颜色区分：收入记录显示为绿色，支出记录显示为红色。

4. 动画效果：添加和删除记录时有平滑的过渡动画。

5. 个性化设置：用户可以自定义类别和对应的图标颜色。

渐进式改进的一个重要原则是 **"不要破坏已有的好东西"**。每次改进都应明确指出要保持的功能和要修改的部分。这就像装修房子，你会告诉装修师傅哪些墙不能拆，哪些设施要保留。

另一个关键原则是 **"小步快跑"**。不要试图在一次反馈中解决所有问题，而应该一次解决一到两个问题，验证效果后再继续。这样做的好处是，如果某次改进出现问题，你将清楚地知道是哪一步出了错，便于快速修复。

渐进式改进让 Vibe 编程变成了愉快的创作过程，而不是一次性的技术挑战。你将发现，每次的小改进都能带来成就感，而最终产品往往会超出预期。

通过这种渐进式的方法，不仅在技术上完成了产品的开发，更重要的是在每个阶段都贯彻了相应的设计原则。"实用"确保了产品的价值基础，"简单"保证了用户的使用体验，"优雅"提升了产品的品质，它们共同构成了优秀产品的 DNA。

2.4 思维升级：像产品经理一样思考

如果要建造一栋房子，你不会只对建筑师说"给我建个房子"。你会先考虑家庭成员的需求，再规划房间布局，接着确定建造顺序，最后是具体的施工细节。Vibe 编程也是如此：**成功的关键不在于 AI 有多聪明，而在于你能否像产品经理一样思考，给出清晰的产品规划。**

产品经理经常用到 3 种思维方式是，**将大项目拆成小任务、优先级驱动的渐进式实现和从"项目级"到"功能级"问题转换。**掌握这些思维方式后，就能够将复杂的想法转化为 AI 能够理解并执行的清晰指令，进而打造出能够真正解决用户问题的产品。

一位成功的创业者学员曾经分享说："学会用产品经理思维进行 Vibe 编程后，我的产品开发效率提升了 1 倍。这不是因为 AI 更强了，而是我更会提问了。"

2.4.1 化繁为简：将大项目拆成小任务

很多初学者最容易犯的一个错误是，试图让 AI"一口吃成胖子"。他们会说"帮我做个完整的电商平台"或者"创建一个社交媒体应用"，并期待 AI 能够理解并实现所有复杂的业务逻辑。这就像要求刚学会走路的孩子去跑马拉松一样不现实。

这个问题的根源在于，没有将复杂的产品想法化繁为简，拆分成最核心的几个价值点。化繁为简经常用到的方法是，将大项目拆成小任务。

将大项目拆成小任务的做法，源于软件工程原则"分而治之"，关键在于确定"依赖关系"和"优先级顺序"，再按照正确的逻辑层次来组织开发任务。

假设要创建一个在线学习平台，如果直接对 AI 说：

> 请帮我创建一个在线学习平台，需要有用户注册、课程展示、视频播放、进度跟踪、证书生成、支付功能、评论系统、算法推荐等功能。

虽然将平台的功能描述得很全面，但 AI 需要同时处理用户注册、课程展示和算法推荐等多个复杂领域的问题，结果往往是每个功能都做得不够好。

正确的方式是，先确定整个系统的核心价值是什么，再围绕这个核心价值来组织开发顺序。

对在线学习平台而言，核心价值显然是"让用户能够观看课程内容并跟踪学习进度"。基于这个认识，可以如下顺序安排开发工作。

- 核心功能层，专注于最核心的功能（如视频播放、进度跟踪），确保用户能够从产品中获得基本价值。
- 用户管理层，专注于用户注册与登录等功能。

这样化繁为简后，再使用 2.2.2 节介绍的"万能提示词=背景信息+具体任务+输出要求+约束条件"分别设计提示词。

核心功能层的提示词如下：

> 背景信息：我要创建一个在线学习平台，让用户能够观看课程视频并跟踪学习进度。
>
> 具体任务：请创建一个简单的课程展示页面，页面显示课程标题、简介和视频播放区域。用户可以观看视频，系统可以记录观看进度。
>
> 输出要求：暂时不需要用户登录功能，使用本地存储保存进度。界面简洁实用，重点是功能可靠。
>
> 示例说明：类似于简化版的网易公开课，但只有一个课程页面。

用户管理层的提示词如下：

> 背景信息：基于已有的课程视频播放功能，现在需要添加用户系统。
>
> 具体任务：在现有功能基础上，添加用户注册和登录系统。用户注册后可以保存学习进度到服务器，支持在不同设备间同步进度。
>
> 输出要求：保持现有的视频播放功能不变，只是将进度存储从本地改为服务器端。
>
> 示例说明：注册流程类似于知乎，只需邮箱和密码。

注意这里的表述方式：明确指出要"在现有功能基础上"添加新功能，并强调"保持现有功能不变"。

借助于这种方法，可将复杂的大任务拆解为一系列易于管理的小任务，其中每个任务都可以独立完成和验证。任务拆解有个重要技巧：**垂直切片法**。与按技术层次（前端、后端、数据库）拆分不同，垂直切片根据用户使用流程来划分任务。这种方法体现了产品经理思维中的用户价值导向。

以电商平台为例，两种拆分方法如下。

● 按技术层次拆分：先做完所有页面设计，再做后端 API，最后连接数据库。
● 垂直切片法：先实现"用户浏览商品并购买"这一完整流程，再实现"商家管理商品"流程，最后实现"订单管理"流程。

一位电商创业者使用垂直切片法后说："以前我总是想等所有功能都完善了再上线，结果拖了半年都没有完成。现在我先实现核心购买流程，两周就上线了第一版，然后根据用户反馈不断完善。这让我真正理解了什么叫边做边学。"

2.4.2 MVP 原则：优先级驱动的渐进式实现

很多初学者容易陷入完美主义陷阱，总想一次性做出功能完备、界面精美的产品，但在产品开发中，通常应先确保核心功能的正确实现，再逐步添加功能。

在 Vibe 编程中，2.1.3 节介绍的 MVP 原则是创作优秀的数字产品的关键。应用 MVP 原则的一个常用方法，是优先级驱动的渐进式实现。

举个例子。假设要创建一个帮助用户制定和跟踪健身计划的应用，完美主义者的需求描述可能是这样的：

> 创建一个健身应用，包含个性化训练计划生成、营养建议、社交分享、AR 健身指导、可穿戴设备数据同步、健身房地图、教练预约、商城购物、成就系统、好友挑战等功能。界面要炫酷，动画要流畅，支持多语言。

可以看到，需求描述中包含了 10 多种功能，其中每个功能都需要复杂的技术实现。使用这样的提示词，AI 大概率会生成一个功能混乱、逻辑不清的半成品。

使用 MVP 原则，可以和 AI 这样说：

> 背景信息：我想帮助没有健身经验的上班族建立运动习惯。
>
> 具体任务：创建一个简单的健身计划跟踪应用。用户可以添加今天的运动项目（如跑步 30 分钟、举重 20 分钟），记录完成状态，查看这周的运动记录。
>
> 输出要求：界面简洁实用，重点是功能可靠。操作要简单，5 秒内能添加一条运动记录。
>
> 示例说明：类似于简化版的待办事项应用，但专门用于记录运动。

可以看到，这个提示词专注于解决核心问题，即帮助用户记录和跟踪运动情况。AI 生成的产品，虽然功能简单，但能够解决用户的痛点问题。

使用 MVP 原则，非常重要的一点是"做减法而不是加法"，真正的产品思维是要勇敢地砍掉非必要功能，确保产品定位清晰。

如上的提示词，每个部分都体现了 MVP 原则：

- 背景信息部分，聚焦目标用户的核心问题；

- 具体任务部分，只描述最必要的功能；

- 输出要求部分，强调实用性胜过完美性；

- 示例说明部分，选择简单而成功的案例作为参考。

一位成功的产品经理分享过这样一个故事。他们团队花费 3 个月开发了一个功能丰富的项目管理工具，包含甘特图、时间跟踪、资源分配、成本分析等功能。但用户反馈却很糟糕，大家觉得太复杂了。他们重新设计了一个仅包含创建任务、分配任务、标记完成这 3 个功能的简化版本，获得了用户的一致好评。

在 Vibe 编程中，应用 MVP 原则有一个重要技巧——**核心场景驱动**，不要从功能列表出发，而是从用户的核心使用场景出发来设计产品。

以个人理财工具为例，核心场景可能是："下班回家后，用户想要快速记录当天的花费，看看这个月还剩多少预算。"基于这个场景，应用 MVP 原则的提示词如下：

> 背景信息：上班族想要简单记录日常花费并跟踪预算。
>
> 具体任务：创建一个简单的记账应用。用户可以快速添加支出记录（金额和类别），查看今天、本周、本月的支出总额和剩余预算。
>
> 输出要求：操作要简单快捷，5 秒内能完成一次记录。
>
> 示例说明：类似于手机计算器的简洁界面，但专门用于记账。

可以看到，这个提示词没有包含报表分析、投资建议、银行卡同步等复杂功能，而专注于解决目标用户的核心问题：快速记录和预算跟踪。

2.4.3　问题层级：从"项目级"到"功能级"的问题转换

就像医生需要能够区分"头痛"是症状还是疾病一样，用好 Vibe 编程，同样要求能够解决问题层级问题，即能够识别哪些是"项目级"的大问题，哪些是"功能级"的小问题。

- "项目级"问题通常涉及多个系统、复杂的业务逻辑和模糊的需求边界。例如"创建一个智能客服系统"就是典型的"项目级"问题，它涉及自然语言处理、知识库管理、多渠道接入、人工转接等多个领域。

- "功能级"问题是具体的、边界清晰的功能实现。例如"创建一个文本输入框，用户输入问题后显示预设的常见问题答案"就是一个"功能级"问题，AI可以很好地理解和实现。

已有的AI工具在处理具体的、边界清晰的小问题时表现出色，但在处理复杂的、相互耦合的大问题时往往力不从心。因此，在Vibe编程中是识别问题层级问题，并做好从"项目级"到"功能级"的问题转换，尤为重要。下面介绍3个技巧。

技巧1：问题溯源。以"智能客服系统"为例，通过问题溯源，可能发现真正的问题是："客户在非工作时间遇到常见问题时，无法及时获得帮助，导致满意度下降。"基于这种理解，可以将"智能客服系统"这种"项目级"的大问题拆解为如下两个"功能级"小问题，且对每个小问题都可做精确描述。

第一个小问题的提示词：

> 背景信息：客户经常在非工作时间咨询常见问题，需要提供自助服务。
>
> 具体任务：创建一个问答页面，展示10个最常见的客户问题和对应答案。
>
> 输出要求：页面布局清晰，问题按重要性排序，答案简洁明了。
>
> 示例说明：类似于淘宝的帮助中心页面，但更简化。

第二个小问题的提示词：

> 背景信息：基于已有的问答页面，用户希望能快速找到相关问答。
>
> 具体任务：添加搜索功能，用户可以输入关键词找到相关问答。
>
> 输出要求：搜索结果按相关性排序，支持模糊匹配。
>
> 示例说明：搜索体验类似于简化版的百度搜索。

注意，拆解为"功能级"的每个小问题都是具体的、可验证的，并且可以独立实现。更重要的是，即使只实现第一个小问题，就可以让目标用户在非工作时间及时获得帮助了。

技巧2：依赖链分析。复杂项目中的功能往往相互依赖，正确识别这些依赖关系有助于确定合理的实现顺序。

以电商平台为例，"订单管理"依赖于"商品管理"和"用户管理"，"支付功能"依赖于"订单生成"，"库存更新"依赖于"订单确认"。理解这些依赖关系，可以帮助我们厘清应该先实现哪些基础功能，再实现哪些高级功能。

借助依赖链分析，将电商平台的实现拆解为基础层和交互层的实现，提示词如下：

> 阶段 1（基础层）：
>
> 背景信息：要创建一个简单的电商网站，先实现商品展示功能。
>
> 具体任务：创建商品展示页面，显示商品图片、名称、价格和库存数量。
>
> 输出要求：页面布局美观，商品信息清晰展示。
>
> 示例说明：类似于京东的商品详情页，但更简化。
>
> 阶段 2（交互层）：
>
> 背景信息：基于已有的商品展示页面，用户能够选择购买。
>
> 具体任务：添加购物车功能，用户可以将商品添加到购物车并修改数量。
>
> 输出要求：购物车状态实时更新，操作流畅直观。
>
> 示例说明：购物车交互类似于淘宝的简化版本。

这样可以确保每个阶段的实现不会因缺少依赖功能而导致开发困难。

技巧 3：边界清晰化。很多"项目级"问题之所以难以处理，是因为边界模糊，涉及太多不确定因素。通过明确定义每个小问题的输入、输出和处理逻辑，可以大大提高 AI 的理解准确度，进而确保最终产品的质量和可维护性。

一位资深的产品经理曾经说："好的产品经理和普通产品经理的区别，就在于能否将复杂问题分解为简单问题。在 Vibe 编程时代，这个能力更加重要，因为它直接决定了你能否有效地与 AI 协作。"

2.5 实战解惑：新手常见的 5 大问题及解决方案

在教授零编程基础学员的过程中，我们发现：几乎所有的 Vibe 编程新手都会在相同的问题上"踩坑"。更重要的是，这些问题往往不是技术层面的，而是思维方式和工作习惯层面的。一位有着 10 年编程经验的工程师可能在 Vibe 编程上表现得不如一个思路清晰的产品经理，因为 Vibe 编程考验的是与 AI 协作的能力，而不是编写代码的能力。

Vibe 编程新手遇到的问题，可以总结为如下 5 类：

- 准备不足；
- 目标不清；
- 思路混乱；
- 完美主义；
- 期望过高。

本节将分别展开介绍。

2.5.1　准备不足：为什么你总是"想一出是一出"

接触 Vibe 编程后，很多人被 AI 的强大震撼，以为从此可以"想到什么就做什么"。这种心态就像是看到魔术师表演魔术一样，以为魔法棒一挥就能实现任何愿望，却忽略了魔术师背后大量的准备工作和练习。

在我们的调研中，超过 78% 的新手都存在准备不足的问题。他们往往在某个瞬间产生了一个"绝妙的想法"，然后立即打开 AI 工具开始创作，结果发现过程磕磕绊绊，最终的产品也偏离了最初的设想。

举个例子。小王是一位健身教练，某天他突然想到要创建一个健身指导应用。他兴冲冲地对 AI 说："帮我做一个健身应用，要有训练计划，还要能记录数据。"结果 AI 给他生成了一个包含会员管理、器械维护、财务统计等功能的复杂健身房管理系统，完全不是他想要的个人健身指导工具。

问题出在哪里？小王没有进行必要的准备工作。他没有明确目标用户是谁（是健身新手还是资深爱好者）、核心功能是什么（是制定计划还是跟踪进度），以及使用场景是什么（是在家用还是在健身房用）。这种"想一出是一出"的方式注定会遇到挫折。

此外，准备不足还表现为对项目复杂度估计不准确。很多新手会说"我要做一个像微信一样的社交应用"，却没有意识到微信的复杂程度远超个人项目。

1. 如何进行有效准备

可以按照如下 3 个层次，进行准备工作。

（1）**澄清需求**。在开始创作前，需要用最简单的语言回答如下 3 个问题。

● 这个产品是给谁用的?

● 他们用它来解决什么问题?

● 他们在什么情况下会使用它?

对于健身指导应用，澄清后的需求可能是："给没有健身经验的上班族使用，帮助他们在家进行简单、有效的锻炼，主要在晚上下班后使用，不需要专业器械。"

（2）设定**功能边界**。你需要明确什么功能是必须有的，什么功能是可以后加的，什么功能是绝对不需要的。

对于健身指导应用，必须有的功能包括基础动作视频演示、简单的训练计划、锻炼时长记录；可以后加的功能包括社交分享、个性化建议；绝对不需要的功能包括健身房预约、私教聘请等。

（3）校验**技术实现**。你需要了解 Vibe 编程工具能够实现什么程度的功能，避免提出不切实际的要求。

目前大部分 AI 编程工具，可以实现信息展示、数据记录、简单计算、基础交互等功能，在实现复杂的算法、实时音视频处理、高级安全验证等功能时需要专业的技术支持。

2. 如何建立有效的准备习惯

最简单的方法是使用"项目准备清单"。每次开始新项目前，花 30 分钟时间填写下面这个清单：

项目名称：_____

目标用户：_____（具体到年龄、职业、使用习惯）

核心问题：_____（用户最希望解决的一个问题）

使用场景：_____（在什么时间、地点、情况下使用）

必备功能：_____（最少需要哪 3 个功能）

参考产品：_____（类似的产品有哪些，学习它们的什么方面）

成功标准：_____（如何判断这个产品是成功的）

一位成功转型为产品经理的设计师分享说："我现在做每个项目前，都会花时间填写这个清单，看似耽误了时间，实际上让我的整个创作过程提速了 3 倍。因为方向明确了，就不会在开发过程中频繁地修改需求。"

2.5.2　目标不清：如何避免做出"四不像"产品

目标不清，是使用 Vibe 编程失败的最主要原因之一。

很多新手在开始时雄心勃勃，想要创建一个"革命性"产品，但当向 AI 描述具体需求时，却发现自己说不清楚到底要做什么。这就像是告诉建筑师"我要盖一栋很棒的房子"，但说不清是要住宅、办公楼还是商店。

目标不清的原因，往往是把**"好想法"**和**"好产品"**混为一谈了。想法可以很宏大、很有趣，但产品必须聚焦、具体、可执行。例如"让世界变得更美好"是个好想法，但"帮助社区居民分享闲置物品"才是好的产品目标。

举个例子。张老师想要创建一个教育类应用，她最初的描述是："我要做一个能够提高学生学习效率的智能教育平台，包含个性化学习、智能推荐、社交互动、家长监督等功能。"

AI 根据这个描述生成了一个包含课程管理、作业布置、成绩统计、家长通知、学生论坛等十几个模块的复杂系统。张老师试用后发现，这个系统功能虽多，但没有一个做得特别好，学生用起来觉得复杂，老师用起来觉得麻烦，成了典型的"四不像"产品。

问题在于张老师的目标过于宽泛，缺乏明确的价值主张。什么是"提高学习效率"？对于不同年龄段的学生，"效率"的定义完全不同。小学生需要的可能是专注力训练，中学生需要的可能是时间管理，大学生需要的可能是知识体系建构。

1.　如何明确目标

一个明确的目标，需要包含如下 3 个关键要素。

首先是**用户聚焦**。产品是为特定人群解决特定问题的，不可能为所有人服务。张老师后来重新定义了目标："为初中数学老师提供快速生成个性化练习题的工具。"

基于这个明确的目标，AI 生成了一个简洁的工具：老师输入知识点，系统自动生成不同难度的练习题，并且能够根据学生的错题情况调整题目类型。这个产品功能单一但非常实用，得到了老师们的一致好评。

其次是**问题明确**。产品要解决的不应该是一类问题，而是一个具体的、可量化的问题。

一位自由职业者想要创建时间管理工具，最初的目标是"提高工作效率"。经过几次修改，最终确定的目标是"帮助像我一样的自由职业者准确记录项目用时，便于客户计费和效率分析"。基于这个明确的问题定义，AI 生成了一个专门的时间跟踪工具，不仅能记录时间，还能自动生成项目报告和收费清单。

最后是**价值量化**。好的产品目标应该是可以衡量的。例如，"让用户更满意"是无法衡量的，但"将用户完成任务的时间减少 50%"或"让 80% 的用户愿意推荐给朋友"就是可衡量的目标。

2. 如何避免"四不像"产品

避免"四不像"产品，主要有两种方法。

（1）一句话产品定义法。这一句话应该包括目标用户、核心功能和主要价值。如果不能用一句话清楚地描述你的产品是什么，就说明目标还不够明确。

例如，"为准备考研的大学生提供每日学习计划制定和进度跟踪工具，帮助他们保持学习节奏和动力。"这句话明确了用户（考研大学生）、功能（计划制定和进度跟踪）、价值（保持节奏和动力）。

（2）竞品对标法。找到一个你认为做得好的类似产品，明确说出你要学习它的哪些方面，又要在哪些方面做出差异化。这样可以避免重复发明"轮子"，同时确保产品有明确的定位。

2.5.3 思路混乱：99% 新手都有的系统性思考障碍

出现思路混乱的原因在于，AI 工具能在几分钟内生成看起来很专业的产品原型，这让很多人误以为创作产品是件很简单的事情。但实际上，AI 只是一个非常高效的执行工具，必须由人类提供清晰的思路和指导。

举个例子。李同学想要创建一个帮助大学生找兼职的应用，他直接对 AI 说："帮我做一个大学生兼职平台，要有职位发布、求职者注册、匹配推荐、在线面试、薪资管理等功能。"

这个描述听起来很全面，但是当 AI 询问"职位由谁发布，企业还是个人？求职者注册需要什么资料，学历证明还是技能测试？匹配推荐的算法逻辑是什么，地理位置匹配还是技能匹配？"时，他根本无法回答。

1. 如何识别思路混乱

思维混乱的表现，主要有如下 3 个。

（1）**无法拆解问题**。在面对复杂需求时，很多新手习惯于一次性描述所有想要的功能，而不是将大项目拆成小任务分步骤描述。

以李同学要创建的兼职平台为例，可以这样拆解：

- 搞清楚核心用户流程（学生如何寻找合适的兼职）；
- 设计最简单的功能（职位展示和联系方式）；
- 逐步添加辅助功能（筛选、收藏、评价等）。

（2）**过度依赖 AI**。很多新手认为，只要把需求说得足够详细，AI 就能一次性生成完美的产品。这种期望不现实，即便是最先进的 AI，也需要通过多轮对话来逐步理解和完善。

一位成功的 Vibe 编程用户分享说："我将 AI 视为非常聪明但需要指导的助手，而不是会'读心术'的魔法师。我会先让它做出基础版本，再一步步告诉它如何改进。"

（3）**缺乏优先级意识**。新手往往将所有功能都看得同等重要，不知道先做什么后做什么。

2. 如何避免思路混乱

避免思路混乱，需要建立系统性思考，最有效的方法是使用**用户旅程地图**。用户旅程地图可以用来厘清用户使用产品的完整流程，是一个简单但强大的工具。

以李同学要创建的兼职平台为例，用户旅程地图可能是这样的：打开应用→浏览职位列表→筛选适合的职位→查看职位详情→投递简历→等待回复→安排面试→确认录用→开始工作，其中一些步骤可进一步细化。

- 浏览职位列表：按什么排序？显示哪些关键信息？
- 筛选适合的职位：提供哪些筛选条件？如何处理无结果的情况？
- 查看职位详情：包含哪些信息？如何展示联系方式？

在梳理用户旅程地图时，就把原本一个"项目级"大问题转换为多个"功能级"小问题了，也避免了思路混乱问题。

坚持 MVP 原则，也是避免思路混乱的有效方法。不要试图一次性实现所有功能，而先做出一个只包含核心功能的简单版本，验证可行性后再逐步完善。

对于李同学要创建的兼职平台，要解决的核心需求是"找到兼职机会并联系雇主"，因此其 MVP 版本只需要包含职位列表展示、基本筛选功能和联系方式显示就足够了。

2.5.4　完美主义：为什么追求完美反而做不好

我们发现，有设计背景的学员特别容易陷入完美主义陷阱：将大量时间花费在颜色搭配、字体选择、布局细节上，却忽视了产品的核心功能验证。

在产品开发中，功能永远比形式重要，解决问题永远比视觉效果重要。

来看一个真实的案例。小美是一位平面设计师，想要创建一个个人作品展示网站。第一版原型出来后，她发现配色不够时尚、字体不够独特、布局不够创新，于是进入了无休止的美化过程：调整配色方案、更换字体、重新设计布局、添加动画效果……

3 个星期过去了，小美的网站在视觉上确实很精美，但她突然发现一个致命问题：网站虽然好看，但加载速度很慢，而且没有考虑搜索引擎优化，潜在客户根本找不到她的网站。

小美的问题在于，把注意力都放在"锦上添花"的细节上，而忽视了"雪中送炭"的基础功能。

1. 如何识别完美主义

完美主义，通常有如下 3 个表现。

- **细节优先于整体**。完美主义者习惯于从细节入手，如纠结于按钮的圆角应该是 8px 还是 10px，而不是先确保按钮的功能正常。
- **拒绝发布不完美的版本**。完美主义者大多认为，产品必须达到 90% 的完美度才能展示给人看。但实际上，60% 完美但能解决核心问题的产品，比 90% 完美但没有用户验证的产品更有价值。

- **频繁推倒重来**。发现产品的某个方面不够完美时，完美主义者往往选择推倒重来，而不是针对性地改进。这种做法不仅浪费时间，还容易陷入永无止境的循环中。

2．如何克服完美主义

克服完美主义，最有效的方法是**建立"分阶段完善"习惯**，即将产品开发分为明确的阶段，每个阶段有不同的完美度要求。

第一阶段：功能验证（60%完美度）。在这个阶段，目标是验证核心功能能否解决用户问题，因此界面可以很简陋，但功能必须能正常工作。

第二阶段：体验优化（80%完美度）。在这个阶段，要开始优化用户体验，如改善界面布局、简化操作流程、提高响应速度等。

第三阶段：精细打磨（95%完美度）。在这个阶段，开始视觉美化和细节优化，如调整颜色、字体、动画效果等，让产品显得更专业、更具吸引力。

根据完美度要求，可以设定"完美度上限"，来进一步克服完美主义。为每个阶段设定明确的时间限制，如功能验证阶段不超过 3 天、体验优化阶段不超过 1 周。

一位成功转型的设计师说："我现在会设置定时器，告诉自己这个功能只有 2 小时的优化时间。时间一到，无论是否满意都要停止，转向下一个任务。这样强迫自己专注于最重要的改进。"

2.5.5　期望过高：AI 不是万能的，你需要了解边界

很多新手对 AI 的能力有着不切实际的期望，认为 AI 应该能够"读懂"他们的心思，自动生成完全符合预期的产品。

期望过高带来的问题是，让新手在遇到挫折时产生强烈的失望感，甚至怀疑 Vibe 编程的价值。一位创业者曾经愤怒地说："这些 AI 工具都是骗人的，我花了一整天时间，都没能让它做出想要的电商网站。"

深入了解他的使用过程后发现，问题并不在于 AI 工具不够强大，而在于他对 AI 的期望过于不切实际。他希望 AI 能够在没有明确需求描述的情况下，自动生成一个包含商品管理、订单处理、客户服务、数据分析等复杂功能的完整电商系统。

已有的 AI 工具擅长和不擅长的任务，可以总结如下。

- 擅长的任务：根据明确描述生成代码，快速创建界面原型，处理重复性编程任务，提供多种实现方案供你选择，解释和优化既有代码。

- 不擅长的任务：无法理解模糊的需求描述，不能自动判断业务逻辑的合理性，无法预测用户的真实需求，不能保证生成的代码性能最优，缺乏对特定行业的深度理解。

以创建个人博客为例，使用"创建一个技术博客网站，首页显示文章列表，每篇文章有标题、摘要、发布日期，点击后可以查看全文，支持按分类筛选，整体风格简洁现代"等描述，AI 可以在几分钟内生成一个功能完整的博客原型；但如果使用"帮我做一个很棒的网站，要有很多功能，看起来很专业"等描述，AI 就无法生成满意的结果，因为"很棒""很多功能""很专业"都是主观且模糊的概念。

建立对 AI 的合理预期，需要建立如下 3 个认知。

- **AI 是协作者，不是替代者**。最佳的 Vibe 编程体验来自人机协作，而不是完全依赖 AI：你负责提供创意、需求分析、逻辑设计；AI 负责快速实现、代码生成、原型制作。

- **迭代胜过一次性完美**。不要期望第一次就得到完美的结果，而应该通过多轮迭代来逐步完善产品。每次迭代都专注于解决一两个具体问题，而不是试图一次性解决所有问题。

- **具体胜过抽象**。AI 需要的是具体、明确的指令，而不是抽象的概念。"用户友好的界面"是抽象的，"大按钮、清晰的标签、简单的导航菜单"是具体的；"智能推荐功能"是抽象的，"根据用户浏览历史推荐相似商品"是具体的。

建立对 AI 的合理预期后，你将发现 Vibe 编程是个强大而实用的工具，可大大提升创作效率。

第 **3** 章

从零到一，半小时上线一款工具

本章通过实际案例介绍使用 Vibe 编程开发小工具的方法。

每个案例都包含可复用的提示词模板和最终实现的源代码，方便读者了解从想法到产品的实现流程，并能够"拿来即用"。

3.1 告别纸上谈兵：搞定 3 个实用小工具

出国旅行时需要快速换算货币，工作时经常被打断难以专注，事务繁多却抓不住重点……这些看似简单的问题，却深深影响着我们的工作效率和生活品质。

本节通过 3 个精心设计的实用工具开发案例，展示 Vibe 编程的强大之处。

- 货币汇率转换计算器：让你在购物时不再为货币换算而烦恼。
- 高颜值番茄钟：不仅帮你保持专注，更能带来愉悦的使用体验。
- CEO 用的极简待办清单：巧妙的限制设计助你专注于最重要的 3 件事。

3.1.1 货币汇率转换计算器：接 API 不求人，小白也能搞定

"天啊，这件 T 恤标价 49.99 欧元！"站在巴黎老佛爷百货商店，小林急忙掏出手机，想要算算这件 T 恤合多少人民币。这种场景太常见了：打开计算器、搜索汇率、计算金额。这种烦琐且易错的操作，让我们意识到需要一个简单易用的货币汇率转换计算器。

借助于 Vibe 编程，只需 30 分钟就能制作出一个货币汇率转换计算器。

1. 需求分析与场景构思

无论要开发什么产品，都需要先深入分析目标用户的痛点和需求，以更好地定义产品的功能边界，避免开发出用户并不需要的功能。

打开 DeepSeek，输入如下提示词。

帮我设计一款**货币汇率转换计算器**，需要清晰地定义其功能范围和应用场景，包括如下 4 个步骤。

- **用户画像分析**：明确目标用户的特征、痛点和需求。
- **场景故事描述**：用具体的场景描述产品如何解决用户问题。
- **功能边界确定**：定义产品能做什么，不能做什么。
- **交互流程设计**：规划用户使用产品的流程和交互方式。

采用 MVP 原则，实现包含最少功能的产品。

输出 MVP 描述。

1．典型用户画像：一句话描述。

2．场景故事：一句话描述。

3．功能：用列表描述（只描述明确要做的功能，不需要的功能不描述）。

4．交互流程：用列表描述。

以上提示词是经上百个项目和上百位零编程基础学员验证后总结得到的，将在本书后续案例中多次使用，你可以根据实际需求进行调整修改。

2. 优化并确定 MVP 描述

对于货币汇率转换计算器这样的工具类产品，尤其适合使用 MVP 原则。用户最关心的是准确、快速地完成货币换算，因此历史汇率走势图、多币种同时转换等功能虽然很吸引人，但并不是用户痛点。这个思考过程，能够帮助我们在后续迭代中始终关注用户的核心需求。

查看 DeepSeek 输出的 MVP 描述，删除不必要的功能，最终得到如下 MVP 描述的提示词。

MVP 描述：货币汇率转换计算器

1. **典型用户画像**
经常出国旅行或进行跨境网购的中青年用户，需要快速查询实时汇率并计算货币兑换金额。

2. **场景故事**
用户在准备出国旅行前，需要将人民币兑换成美元，通过货币汇率转换计算器快速查询当前汇率并计算兑换后的金额，避免手动计算的麻烦和错误。

3. **功能列表（MVP 核心功能）**
- **实时汇率查询**：支持主流货币（如 USD、EUR、JPY 等）的实时汇率显示（通过公开 API 获取）。
- **货币兑换计算**：输入金额后自动按当前汇率换算成目标货币。
- **货币选择**：提供常用货币的下拉选择列表。
- **汇率更新时间显示**：显示汇率数据的最后更新时间。

4. **交互流程**
1. 用户打开汇率转换计算器，默认显示"人民币（CNY）"到"美元（USD）"的实时汇率。
2. 用户输入金额（如 1000），系统自动计算并显示兑换后的金额（如 137.5 USD）。
3. 用户可通过下拉菜单切换源货币或目标货币（如 CNY→JPY），自动更新汇率和计算结果。
4. 页面底部显示汇率更新时间（如"汇率更新于：2023-10-01 15:30"）。

MVP 原则：
- 仅保留最关键功能（实时汇率+计算），不包含历史汇率、图表、多币种对比等复杂功能。

3. 创建 MVP 的流程图

创建 MVP 的流程图是产品设计中的重要环节。流程图可以直观展示产品的使用过程，帮助团队成员和利益相关者更好地理解产品功能和用户交互。同时，流程图也有助于提前发现潜在的用户体验问题和技术难点，及早进行优化和调整。

Mermaid 是一种文本格式，其语法简单易上手，无须设计基础即可通过文本快速生成专业的图表。同时，Mermaid 的纯文本特性支持跨平台复用与版本控制，还能与 AI 工具无缝对接实现从文本到图表的快速转换。因此，本书案例的流程图选用 Mermaid 格式。

在 DeepSeek 中输入如下提示词。

使用 Mermaid 格式展示 MVP，输出仅包含核心功能和交互的 mermaid: flowchart TB

得到货币汇率转换计算器的交互流程，如图 3-1 所示。

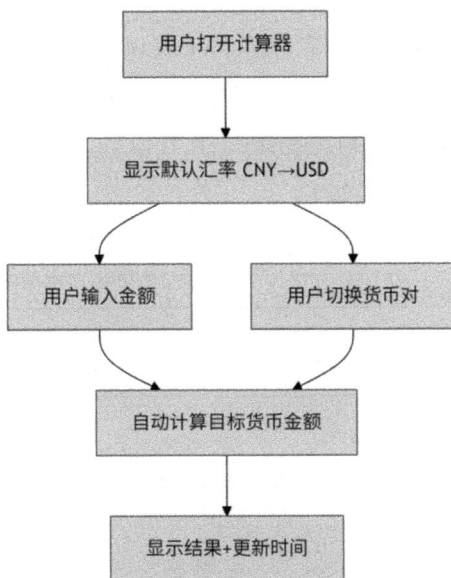

图 3-1 货币汇率转换计算器的交互流程

图 3-1 对应的代码如下。

```
flowchart TB
    A[用户打开计算器] --> B[显示默认汇率\nCNY→USD]
    B --> C[用户输入金额]
    C --> D[自动计算目标货币金额]
```

```
        B --> E[用户切换货币对]
        E --> D
        D --> F[显示结果+更新时间]
```

要预览和修改 Mermaid 流程图，可使用 Mermaid Live Editor 等工具。

4. 汇率查询 API 选择与配置

为了实现货币换算，货币汇率转换计算器需要集成能查询实时汇率的第三方 API。经过对比，我们选择了 Frankfurter 作为数据源。它具有如下特点。

- 完全免费：开源项目。
- 数据可靠：数据来源于欧洲中央银行（ECB）。
- 功能丰富：支持历史汇率查询（可追溯至 1999 年）。
- 无限制：无调用频率限制，适用于开发和学习。

Frankfurter 的基础 API 格式如下。

```
https://api.frankfurter.dev/v1/latest?base={基准货币}
```

下面是一个示例。

```
# 查询美元汇率
https://api.frankfurter.dev/v1/latest?base=USD

# 查询人民币汇率
https://api.frankfurter.dev/v1/latest?base=CNY

# 查询欧元汇率
https://api.frankfurter.dev/v1/latest?base=EUR
```

5. 使用 Lovable 创建应用

将 MVP 的"功能列表"部分的提示词、Mermaid 流程图代码和汇率查询 API 相关提示词进行整合，并输入 Lovable（如图 3-2 所示）。

根据如下描述帮我创建产品：汇率转换计算器。

功能列表（MVP 核心功能）

- **实时汇率查询**：支持主流货币（如 USD、EUR、JPY 等）的实时汇率显示（通过公开 API 获取）。

- **货币兑换计算**：输入金额后自动按当前汇率换算成目标货币。

- **货币选择**：提供常用货币的下拉选择列表。

- **汇率更新时间显示**：显示汇率数据的最后更新时间。

交互流程

```
flowchart TB

    A[用户打开计算器] --> B[显示默认汇率\nCNY→USD]

    B --> C[用户输入金额]

    C --> D[自动计算目标货币金额]

    B --> E[用户切换货币对]

    E --> D

    D --> F[显示结果+更新时间]
```

汇率查询 API

如下是查询美元汇率的 API：

```
https://api.frankfurter.dev/v1/latest?base=USD
```

图 3-2　在 Lovable 中输入用于生成货币汇率转换计算器的提示词

生成的货币汇率转换计算器界面，如图 3-3 所示。

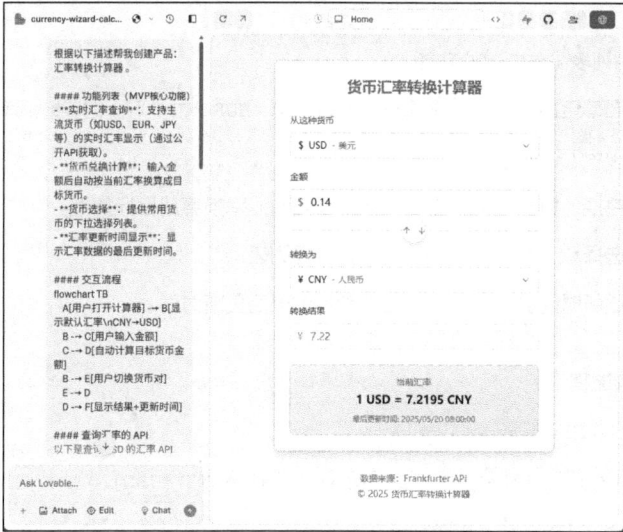

图 3-3　货币汇率转换计算器界面

Lovable 在使用上述提示词生成货币汇率转换计算器的过程中，可能遇到如下两个问题。

（1）调用汇率查询 API 出错。

遇到这种问题，可能是 API 地址写错了。这时，在浏览器开发者工具中查看 Network 请求，可以看到遗漏了 API 地址的"/v1"，导致请求不成功，如图 3-4 所示。

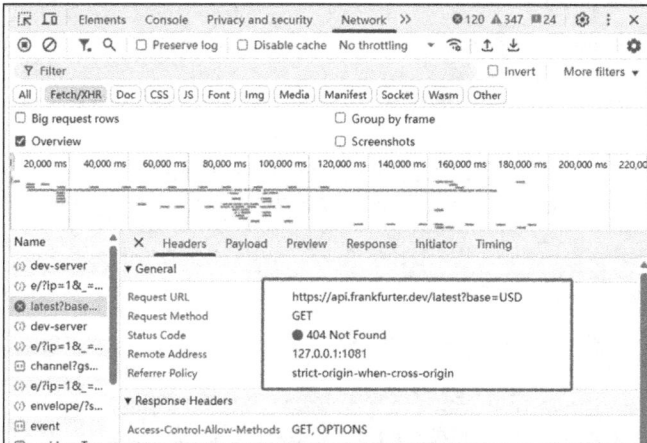

图 3-4　使用的 API 地址不正确

（2）生成的 Mermaid 流程图无法预览。

如果遇到生成的 Mermaid 流程图无法预览的情况，可以尝试让 AI 重新生成，这是因为已有 AI 工具在生成内容时具有随机性。

6. 类似产品

在生活中，还存在许多涉及单位和数值转换的场景。如下是一些最常见的转换工具。

- 单位转换工具：用于长度、重量、面积等单位的转换。
- 时区转换工具：可快速查询全球各地时间，方便安排跨时区活动。
- 营养成分计算器：精确计算食物营养成分，帮助实现健康饮食。
- 尺码转换工具：快速对照国际服装、鞋码标准，轻松确定合适尺码。

借助于 Vibe 编程，不仅可以快速打造出这些实用工具，还可以根据具体场景和需求进行定制化开发。

3.1.2 高颜值番茄钟：告别拖延症的秘密武器

"又刷了 1 小时的手机！"小美看着时间心里懊恼地想，"明天就要交付的设计方案到现在还没开始做。"在这个信息过载的时代，这样的场景司空见惯：原本只想打开手机看一眼，但不知不觉就过去了几十分钟。保持专注已成为现代人在工作和学习中面临的最大挑战之一。

借助于 Vibe 编程，只需 30 分钟就能打造一个既实用又美观的番茄钟应用，让保持专注不再是难事。

1. 需求分析与场景构思

打开 DeepSeek，输入下面的提示词。

帮我设计一款**高颜值番茄钟**，需要清晰地定义其功能范围和应用场景，包括如下 4 个步骤。

- **用户画像分析**：明确目标用户的特征、痛点和需求。
- **场景故事描述**：用具体的场景描述产品如何解决用户问题。

- **功能边界确定**：定义产品能做什么，不能做什么。

- **交互流程设计**：规划用户使用产品的流程和交互方式。

采用 MVP 原则，实现包含最少功能的产品。

输出 MVP 描述。

1．典型用户画像：一句话描述。

2．场景故事：一句话描述。

3．功能：用列表描述（只描述明确要做的功能，不需要的功能不描述）。

4．交互流程：用列表描述。

2. 优化并确定 MVP 描述

复制 DeepSeek 输出的 MVP 描述，删除不必要的功能，得到如下 MVP 描述。

MVP 描述：高颜值番茄钟

1. 典型用户画像
忙碌的年轻职场人/学生，需要简单高效的专注工具，同时注重视觉体验和仪式感。

2. 场景故事
小张在写报告时频繁分心，他打开高颜值番茄钟，选择 25 分钟专注模式，沉浸于工作直至提示音响起，获得成就感。

3. 功能列表（MVP 核心功能）
- **基础计时功能**

  - 25 分钟默认番茄钟（可启动/暂停/重置）

  - 5 分钟默认短休息计时

  - 15 分钟默认长休息计时（每完成 4 个番茄钟后触发）

- **极简交互界面**

  - 高清数字显示剩余时间

  - 开始/暂停按钮（主操作）

```
          - 重置按钮（次要操作）

       - **高颜值设计**

          - 舒缓的莫兰迪配色

          - 无干扰的极简布局

          - 柔和的提示音效（开始/结束）

       - **基础数据统计**

          - 显示今日完成的番茄钟数量


    #### **4. 交互流程**

    1．**启动应用**：用户打开番茄钟，看到简洁的主界面（默认 25 分钟倒计时）。

    2．**开始专注**：点击"开始"按钮，倒计时启动，界面显示剩余时间。

    3．**暂停/继续**：可随时暂停，再点击继续。

    4．**番茄钟结束**：25 分钟后，提示音响起，自动切换至 5 分钟短休息倒计时。

    5．**休息结束**：休息时间到，提示音响起，返回专注界面。

    6．**长休息触发**：每完成 4 个番茄钟，自动切换至 15 分钟长休息计时。

    7．**重置计时**：用户可随时点击"重置"回到初始状态。


    **不包含的功能**：多任务管理、社交分享、复杂设置、账号系统。
```

3. 创建 MVP 的流程图

现在使用 Mermaid 来创建流程图，为此在 DeepSeek 中输入如下提示词。

```
使用 Mermaid 格式展示 MVP,输出仅包含核心功能和交互的 mermaid :flowchart TB
```

DeepSeek 的输出结果如图 3-5 所示。

4. 音效方案设计

在高颜值番茄钟应用中，音效有重要的提示作用。好的音效不仅能让用户及时知道该在工作和休息之间进行转换，还能提供良好的使用体验。但音效的选择和实现需要特别注意。

●　音效要柔和而不刺耳，避免突然的巨大声响影响用户心情。

● 声音提示要简短清晰，不能过于冗长。

● 考虑到跨平台兼容性，最好使用代码生成的音效而不是音频文件。

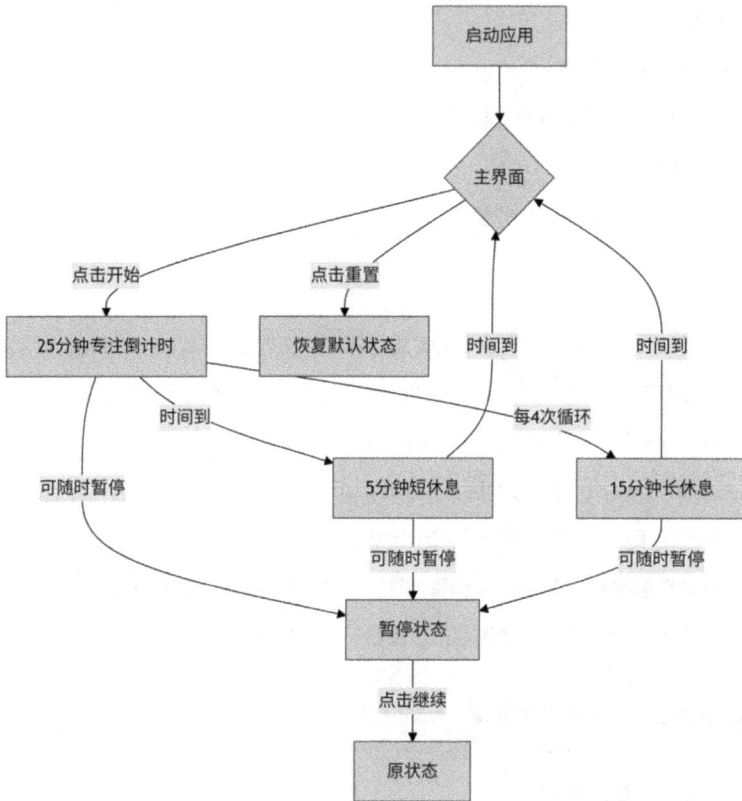

图 3-5　高颜值番茄钟的交互流程

再次询问 DeepSeek，并选择适合的方案。经过对比 DeepSeek 提供的多种方案，最终选择使用 Web Audio API 来生成音效。这种方案有如下优势。

● 无须额外的音频文件，缩小了应用规模。

● 可以通过代码精确控制音效的频率、音量和持续时间。

● 跨平台兼容性好，在各种设备上表现一致。

5. 使用 Lovable 创建应用

将 MVP 描述的"功能列表"部分的提示词、Mermaid 流程图代码和音效方案进行整合，得到如下提示词，并输入 Lovable。

根据如下描述帮我创建产品：高颜值番茄钟。

功能列表（MVP 核心功能）
- **基础计时功能**
    - 25 分钟默认番茄钟（可启动/暂停/重置）
    - 5 分钟默认短休息计时
    - 15 分钟默认长休息计时（每完成 4 个番茄钟后触发）
- **极简交互界面**
    - 高清数字显示剩余时间
    - 开始/暂停按钮（主操作）
    - 重置按钮（次要操作）
- **高颜值设计**
    - 舒缓的莫兰迪配色
    - 无干扰的极简布局
    - 柔和的提示音效（开始/结束）
- **基础数据统计**
    - 显示今日完成的番茄钟数量

交互流程
flowchart TB

    A[启动应用] --> B{主界面}

    B -->|点击开始 | C[25 分钟专注倒计时]

    C -->|时间到 | D[5 分钟短休息]

    D -->|时间到 | B

    C -->|每 4 次循环 | E[15 分钟长休息]

    E -->|时间到 | B

    B -->|点击重置 | F[恢复默认状态]

    C & D & E --> |可随时暂停| G[暂停状态]

```
    G -->|点击继续 ∣ 原状态

#### 音效
采用 Web Audio API 生成音效的方案。
```

Lovable 生成的产品如图 3-6 所示。

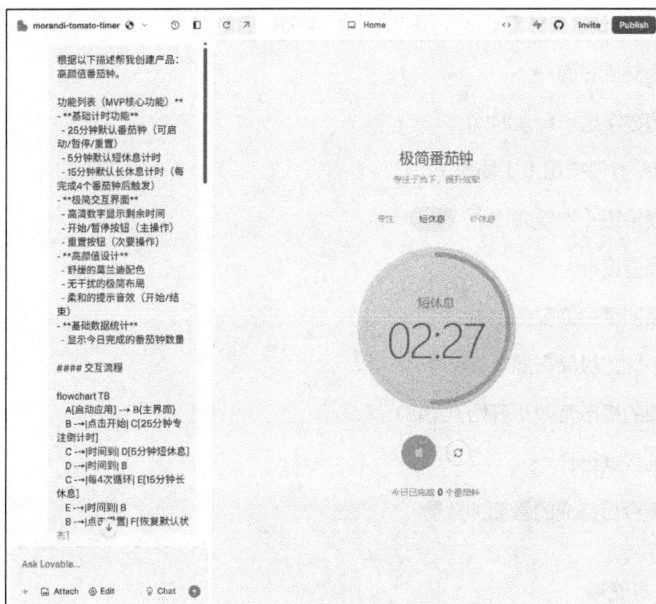

图 3-6　Lovable 生成的高颜值番茄钟

6. 类似产品

除了番茄钟，还有许多时间管理应用值得关注。如下是一些富有创意的时间管理工具。

- 正念时钟：将冥想、呼吸练习与时间管理相结合，在工作间隙提供放松指导，帮助用户保持身心平衡。
- 创意节奏器：专为创意工作者设计，能根据创作状态自适应调整工作和休息时间，并记录灵感迸发的黄金时段。
- 专注背景音：根据工作场景自动切换背景音，如咖啡馆白噪声、自然音等，营造专注氛围。

● 团队同步钟：不仅能显示时区，还能将团队成员的工作状态和能量水平进行
可视化展示，提升协作效率。

这些应用将时间管理与特定场景深度结合，不再是简单的计时工具。

3.1.3　CEO 用的极简待办清单：聚焦重要事项的秘诀

"又是被各种琐事淹没的一天！"看着凌乱的待办事项清单，作为科技公司 CEO
的小王不禁叹了口气。在这个信息爆炸的时代，每个人都面临着相似的困扰：复杂的
分类、烦琐的标签、永无止境的清单，任务管理工具反而成了新的负担。

借助于 Vibe 编程，只需要 30 分钟就能打造一个 CEO 用的极简待办清单，帮助
用户专注于当天最重要的 3 件事。

1. 需求分析与场景构思

打开 DeepSeek，输入如下提示词。

帮我设计一款**CEO 用的极简待办清单**，需要清晰地定义其功能范围和应用场景，包括
如下 4 个步骤。

- **用户画像分析**：明确目标用户的特征、痛点和需求。

- **场景故事描述**：用具体的场景描述产品如何解决用户问题。

- **功能边界确定**：定义产品能做什么，不能做什么。

- **交互流程设计**：规划用户使用产品的流程和交互方式。

采用 MVP 原则，实现包含最少功能的产品。

输出 MVP 描述。

1．典型用户画像：一句话描述。

2．场景故事：一句话描述。

3．功能：用列表描述（只描述明确要做的功能，不需要的功能不描述）。

4．交互流程：用列表描述。

---

2. 优化并确定 MVP 描述

复制 DeepSeek 输出的 MVP 描述，删除不必要的功能，得到如下 MVP 描述。

MVP 描述：CEO 用的极简待办清单

1. 典型用户画像

高效、决策密集型的 CEO/高管，每天需要快速处理高优先级任务，厌恶复杂操作，追求极简和零干扰。

2. 场景故事

CEO 早晨查看今日**最重要的 3 项任务**，完成后快速标记，避免被琐事淹没，确保时间花在重要事项上。

3. 功能列表（MVP 核心功能）

- **3 项核心任务限制**（强制聚焦，避免清单膨胀）
- **一键完成**（点击即标记完成，无须二次确认）
- **极简输入**（新增任务：输入+回车，无须其他操作）
- **自动夜间清空**（每日零点重置，避免任务堆积）
- **仅文本**（无分类、标签、优先级等复杂功能）

4. 交互流程

1. **打开应用**：直接显示 3 个空白输入框（无登录、无欢迎页）。

2. **输入任务**：

   - 在任意输入框打字，按回车即保存。
   - 超过 3 项时，提示"今日已满"（不提供扩展）。

3. **完成任务**：

   - 点击任务文本，自动划掉并变灰（无弹窗确认）。

4. **夜间重置**：

   - 次日零点，所有任务清空，重新开始。

为什么这样设计？

- **强制专注**：3 项限制防止清单变成"待办坟场"。

- **零管理成本**：无分类、无排序，减轻决策负担。

- **无历史包袱**：每日清空，避免 CEO 纠结"未完成"。

- **交互极致简单**：只有"输入+点击"，符合高管"秒速操作"习惯。

不做的功能：分享、协作、提醒、优先级、附件、多设备同步——这些会增加复杂度，超出 MVP 范围。

3. 创建 MVP 的流程图

接着在 DeepSeek 中输入如下提示词。

使用 Mermaid 格式展示 MVP,输出仅包含核心功能和交互的 mermaid :flowchart TB

DeepSeek 的输出结果如图 3-7 所示。

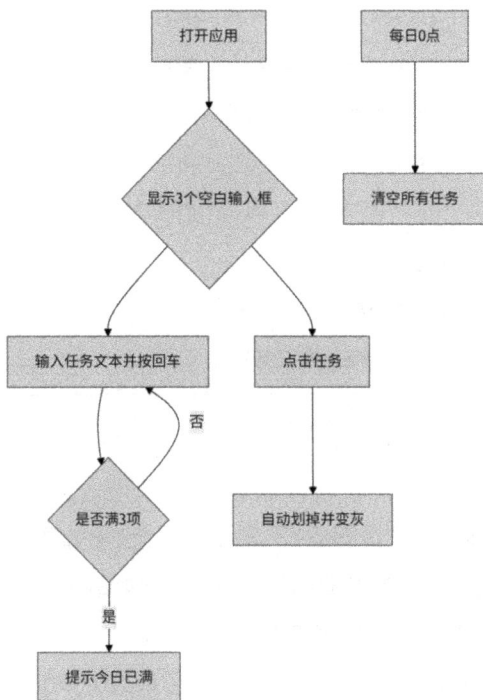

图 3-7　CEO 用的极简待办清单的交互流程

4. 使用 Lovable 创建应用

将 MVP 的"功能列表"部分的提示词和 Mermaid 流程图代码进行整合，得到如下提示词，并输入 Lovable。

```
根据如下描述帮我创建产品：CEO 用的极简待办清单。

## 功能列表（MVP 核心功能）
- **3 项核心任务限制**（强制聚焦，避免清单膨胀）
- **一键完成**（点击即标记完成，无须二次确认）
- **极简输入**（新增任务：输入+回车，无须其他操作）
- **自动夜间清空**（每日零点重置，避免任务堆积）
- **仅文本**（无分类、标签、优先级等复杂功能）

## 交互流程
flowchart TB
    A[打开应用] --> B{显示 3 个空白输入框}
    B --> C[输入任务文本并按回车]
    C --> D{是否满 3 项}
    D -- 否 --> C    D -- 是 --> E[提示今日已满]
    B --> F[点击任务]
    F --> G[自动划掉并变灰]
    H[每日零点] --> I[清空所有任务]
```

Lovable 生成的应用如图 3-8 所示。

5. 类似产品

在这个信息过载的时代，"少即是多"的设计理念正在重塑生产力工具。就像 CEO 用的极简待办清单一样，越来越多的创新工具通过巧妙的限制来提升效率，帮助用户摆脱选择的困扰，让注意力回归到真正重要的事情上。

如下是一些类似的产品。

● 晨间规划器：每天早上只设定两个必达目标，避免过度承诺。

- 专注阅读器：每次只显示一个段落，强制用户深度阅读。
- 决策简化器：在任何决策场景中只提供 3 个选项，避免决策疲劳。
- 灵感触发器：每天随机限定一个主题进行创作，打破思维定式。

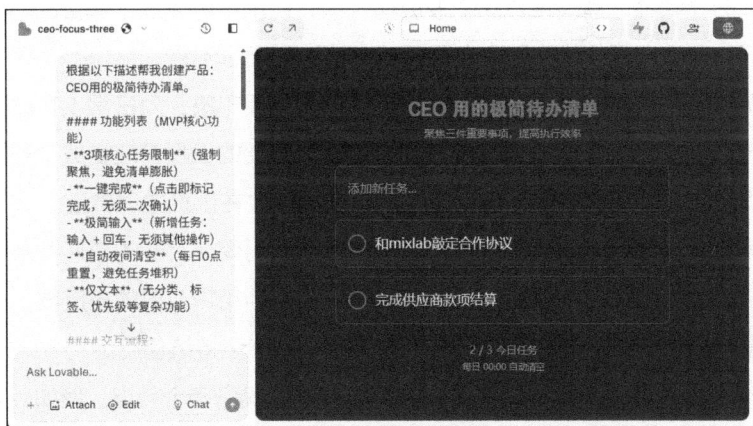

图 3-8 Lovable 生成的 CEO 用的极简待办清单

这些极简工具的设计遵循一个共同原则：**通过合理的限制激发创造力**。限制不是目的，而是手段。

例如，CEO 用的极简待办清单将任务数量限制为 3 个，并非要限制用户能做的事情，而旨在帮助他们专注于最重要的事项。这种"少即是多"的设计思维，正悄然地改变工作方式和生活习惯，让人们在纷繁复杂的数字世界中得以找到一片清净之地。

3.2 4 个要素：打造吸引用户的小工具

3.1 节以 3 个实用小工具为例，展示了如何快速将想法转化为实用的产品。但仅实用还不够，在这个注重个性化表达和用户体验的时代，成功的小工具不仅要解决问题，还要能吸引用户、留住用户。

下面通过 4 个案例——天天提示生成器、养老金计算器、高颜值日历和游戏化学习，说明小工具吸引用户的 4 个要素。

- 情感共鸣：天天提示生成器借助于幽默有趣的提示文案，满足年轻人对生活仪式感的追求。它并非占卜工具，而是能让人会心一笑并愿意分享的社交话题制造器。这种情感共鸣让用户每天都愿意打开它，并分享给朋友。

- 实用价值：养老金计算器针对一个普遍而具体的痛点——退休规划。它把复杂的养老金计算简化为几个关键输入项，让用户能快速了解自己的养老金状况。这种实用价值让用户在需要时会第一时间想到它。

- 视觉体验：高颜值日历突破了传统日历的刻板印象，为日常工具注入了艺术气息。它让每次打开都成为视觉享受，把必要的日程管理变成了展现个人审美的方式。精致的界面设计让用户愿意把它放在手机主屏幕上。

- 趣味性：游戏化学习工具将枯燥的文言文学习变成有趣的连连看游戏。通过游戏化的方式，不仅降低了学习门槛，还能给用户及时的正反馈，让学习过程充满成就感。这种寓教于乐的方式让用户愿意持续使用。

这4个要素并非互斥的，优秀的小工具往往同时具备多个特点。例如，天天提示生成器既有情感共鸣，又有趣味性；高颜值日历既重视视觉体验，又保证了实用价值。正是这种多维度的用户价值，让这些小工具能够真正走进用户的生活，成为其日常工具集的一部分。

下面通过这4个具体案例，详细展示如何在工具开发中融入这些吸引用户的要素。**只要能够紧扣用户需求、把握用户心理，再小的工具也能带来令人印象深刻的使用体验。**

3.2.1　天天提示生成器：如何设计让用户每天必看的内容

"今天适合做什么呢？"小王习惯性地打开朋友分享的天天提示小程序。"宜：尝试新事物，忌：盲目跟风"，这个有趣的提示让他会心一笑。在这个焦虑的时代，越来越多的年轻人喜欢通过轻松幽默的提示来调节心情，让每一天都充满期待和乐趣。

1. 需求分析与场景构思

天天提示生成器虽然是娱乐性工具，但要让用户每天都想打开它，必须在内容和体验上下足功夫。

打开 DeepSeek，输入如下提示词。

帮我设计一款**天天提示生成器**，需要清晰地定义其功能范围和应用场景，包括如下 4 个步骤。

- **用户画像分析**：明确目标用户的特征、痛点和需求。
- **场景故事描述**：用具体的场景描述产品如何解决用户问题。
- **功能边界确定**：定义产品能做什么，不能做什么。
- **交互流程设计**：规划用户使用产品的流程和交互方式。

采用 MVP 原则，实现包含最少功能的产品。

输出 MVP 描述。

1．典型用户画像：一句话描述。

2．场景故事：一句话描述。

3．功能：用列表描述（只描述明确要做的功能，不需要的功能不描述）。

4．交互流程：用列表描述。

2．优化并确定 MVP 描述

复制 DeepSeek 输出的 MVP 描述，删除不必要的功能，得到如下 MVP 描述。

MVP 描述：天天提示生成器

1．典型用户画像

喜欢轻松娱乐、偶尔想找点乐子的年轻上班族或学生，对星座、运气等话题感兴趣，但不迷信。

2．场景故事

小张早上挤地铁时无聊，打开"天天提示生成器"娱乐一下，看到今日提示"宜摸鱼，忌加班"，会心一笑，分享到朋友圈调侃。

3．功能列表（MVP 核心功能）

- **随机生成当日提示**：包含一句话提示（如"宜喝奶茶，忌熬夜"）、幸运数字、幸运颜色。

– **选择星座/生肖**：用户可手动选择自己的星座或生肖（默认随机）。

– **分享功能**：支持一键分享提示到社交媒体（如微信、微博）。

– **极简界面**：只显示核心内容（提示+分享按钮），无复杂交互。

4. 交互流程

1. **打开页面**：直接显示随机生成的当日提示（含星座/生肖、提示文案、幸运数字/颜色）。

2. **选择星座/生肖**（可选）：点击下拉菜单切换，自动更新提示内容。

3. **分享结果**（可选）：点击"分享"按钮，跳转至社交平台。

4. **关闭页面**：无登录、无历史记录、无二次交互。

MVP 原则

– **不做**：用户账户、历史提示记录、付费内容、复杂分析。

– **聚焦**：10 秒内完成"生成–娱乐–分享"闭环。

就如何简化分享功能，继续追问 DeepSeek。

分享功能，有什么更简单的方案？

DeepSeek 指出，可使用纯截图分享。

● 用户生成提示后，界面自动优化为适合截图的样式，例如加边框或趣味标语。

● 提示文字："长按保存图片，分享到朋友圈吧！"（无须开发分享接口，依赖用户手动截图。）

最后，整合 DeepSeek 的回复，将 MVP 描述调整成下面这样。

MVP 描述：天天提示生成器

1. 典型用户画像
喜欢轻松娱乐、偶尔想找点乐子的年轻上班族或学生，对星座、运气等话题感兴趣，但不迷信。

2. 场景故事

小张早上挤地铁时无聊，打开"天天提示生成器"娱乐一下，看到今日提示"宜摸鱼，忌加班"，随手截图分享到朋友圈调侃。

3. 功能列表（MVP核心功能）

- **随机生成当日提示**：
  - 一句话提示（如"宜喝奶茶，忌熬夜"）。
  - 幸运数字（1-9随机）。
  - 幸运颜色（红/黄/蓝等基础色）。
  - 默认随机星座/生肖（可手动切换）。
- **截图友好设计**：
  - 底部提示文字："长按保存，分享你的今日好运！"（引导用户手动截图）。

4. 交互流程

1．**打开页面**：直接显示随机生成的提示卡片（含星座/生肖、提示文案、幸运数字/颜色）。

2．**切换星座/生肖**（可选）：点击下拉菜单，提示内容自动更新。

3．**截图分享**：用户手动截图并分享到社交平台（无内置分享按钮）。

4．**关闭页面**：无登录、无历史记录、无复杂交互。

为什么选这个方案？

- **成本最低**：无须开发分享接口、无须后端开发，纯前端静态页面即可实现。
- **用户无门槛**：截图是天然的用户习惯，无须教育。
- **传播性不弱**：设计有趣的卡片样式，用户更愿意分享。

不做任何额外功能

✘ 不开发分享按钮（依赖截图）。

✘ 不保存用户数据（无账户系统）。

✘ 不提供历史提示（每次打开都是随机新内容）。

3. 创建 MVP 的流程图

对于天天提示生成器这样的轻娱乐工具，简单直观的流程尤为重要。在 DeepSeek 中输入如下提示词，以生成流程图。

> 使用 Mermaid 格式展示 MVP，输出仅包含核心功能和交互的 mermaid; flowchart TB

生成的 Mermaid 格式流程图如图 3-9 所示。

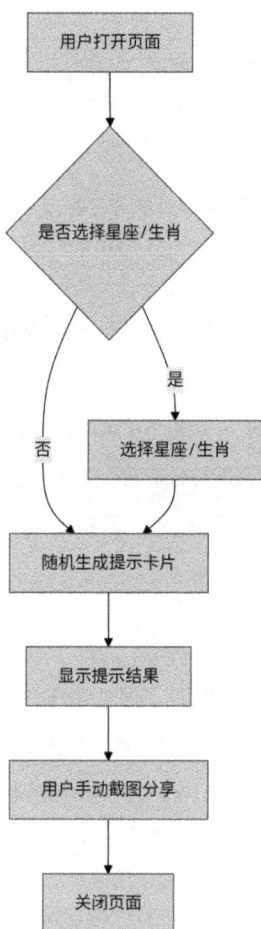

图 3-9 天天提示生成器的交互流程

4．使用 Lovable 创建应用

为激发用户的分享欲望，天天提示生成器的提示文案要有趣、界面要美观。

将 MVP 的"功能列表"部分的提示词和 Mermaid 流程图代码进行整合，得到如下提示词，并输入 Lovable。

```
根据如下描述帮我创建产品：天天提示生成器。

## 功能列表（MVP 核心功能）
- **随机生成当日提示**：
  - 一句话提示（如"宜喝奶茶，忌熬夜"）。
  - 幸运数字（1-9 随机）。
  - 幸运颜色（红/黄/蓝等基础色）。
  - 默认随机星座/生肖（可手动切换）。
- **截图友好设计**：
  - 底部提示文字："长按保存，分享你的今日好运！"（引导用户手动截图）。

## 交互流程
flowchart TB

    A[用户打开页面] --> B{是否选择星座/生肖}

    B -->|否| C[随机生成提示卡片]

    B -->|是| D[选择星座/生肖]

    D --> C

    C --> E[显示提示结果]

    E --> F[用户手动截图分享]

    F --> G[关闭页面]
```

生成的天天提示生成器如图 3-10 所示。

在开发天天提示生成器的过程中，可能遇到如下两个问题。

（1）提示文案不够丰富。

如果提示文案太少，用户很快就会感到无趣。针对这个问题，可以使用 AI 生成更多有趣的提示组合，或者定期更新提示库。

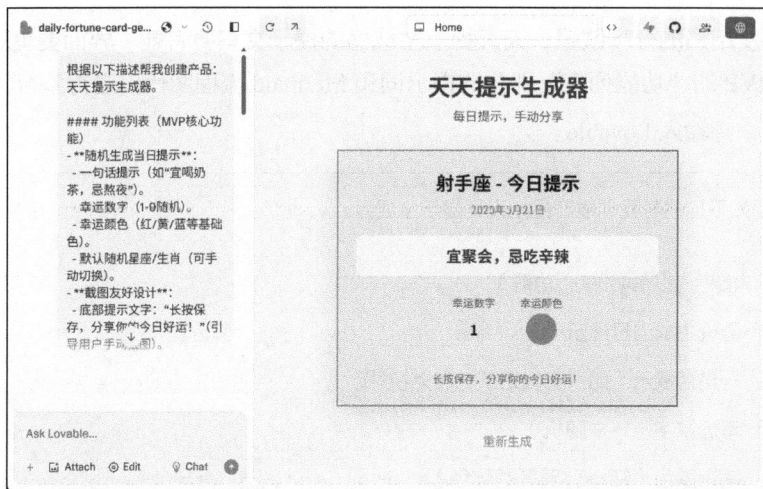

图 3-10 Lovable 生成的天天提示生成器

（2）不同设备上的截图效果不一致。

该问题源于界面样式在跨设备适配时的兼容性不足，可通过响应式设计优化，确保卡片样式在不同屏幕尺寸下保持视觉一致性。

5. 类似产品

在数字化时代，"轻娱乐"类应用越来越受欢迎。如下是一些富有创意的轻娱乐工具。

- 心情调色盘：根据心情生成配色方案，帮助用户调节情绪。
- 灵感便利贴：随机展示诗句、名言，激发创作灵感。
- 趣味头像生成器：将用户照片转换成各种艺术风格。
- 日常小确幸：记录和分享生活中的小幸福。

这些工具的共同特点是简单、有趣、即时反馈、易于分享。它们不需要用户投入太多时间和精力，只需短短几分钟就能为用户带来愉悦感和分享欲。

3.2.2　养老金计算器：让每个人都能轻松规划未来

退休后每月能拿多少养老金？这个问题困扰着许多人，老王最近就因为这个问题焦虑不已。网上的养老金计算方法复杂难懂，各种专业术语更是让人望而生畏。

现在，养老问题已经成为每个人都必须面对的现实。不论是刚入职场的年轻人，还是即将退休的中年人，都需要提前了解和规划自己的养老金。借助于 Vibe 编程，每个人都可以开发简单直观的工具来完成复杂的养老金计算，让用户对未来生活有清晰的预期。

1. 需求分析与场景构思

开发养老金计算器前，需要深入理解用户的真实需求：像贴心的理财顾问一样帮助用户解答"我的养老金够不够用？"这个核心问题。养老金计算看似复杂，但借助于 MVP 策略，可将复杂问题简化，让用户快速获得有价值的信息。

首先，让 DeepSeek 帮助梳理产品定位，为此打开 DeepSeek，并输入如下提示词。

帮我设计一款**养老金计算器**，需要清晰地定义其功能范围和应用场景，包括如下 4 个步骤。

- **用户画像分析**：明确目标用户的特征、痛点和需求。

- **场景故事描述**：用具体的场景描述产品如何解决用户问题。

- **功能边界确定**：定义产品能做什么，不能做什么。

- **交互流程设计**：规划用户使用产品的流程和交互方式。

采用 MVP 原则，实现包含最少功能的产品。

输出 MVP 描述。

1．典型用户画像：一句话描述。

2．场景故事：一句话描述。

3．功能：用列表描述（只描述明确要做的功能，不需要的功能不描述）。

4．交互流程：用列表描述。

---

2. 优化并确定 MVP 描述

复制 DeepSeek 输出的 MVP 描述，删除不必要的功能，得到如下 MVP 描述。

MVP 描述：养老金计算器

1．典型用户画像

30-50 岁的在职人士，对养老规划有初步认知但缺乏具体计算工具，希望预估未来养老金收入以调整储蓄策略。

2．场景故事

用户张伟（35 岁，企业中层）想了解退休后每月能领多少养老金，但网上信息复杂难懂；他使用本计算器，输入当前工资、缴费年限和预期退休年龄，快速得到估算结果，并调整储蓄计划。

3．功能列表（MVP 核心功能）

- **基础信息输入**：
    - 当前月薪（或缴费基数）
    - 当前养老保险累计缴费年限
    - 预期退休年龄
    - 当地社会平均工资（可选手动输入或自动获取默认值）
- **养老金计算**：
    - 根据用户输入计算**基础养老金**+**个人账户养老金**（采用国家统一公式）
    - 显示估算的**每月领取金额**
- **简单可视化**：
    - 以数字形式显示结果，附带简短解读（如"相当于当前收入的 XX%"）。

4．交互流程

1．**启动页**：简洁文案（如"快速估算您未来的退休金"）+ 计算养老金按钮。
2．**输入页**：
    - 分步填写字段（工资、缴费年限、退休年龄等），带默认值和提示（如"当地平均工资参考值：XX 元"）。
3．**结果页**：
    - 显示计算结果（如"每月约领取：¥5200"）。

- 提供"重新计算"按钮返回输入页。

4．**结束**：无复杂操作，用户可截图或自行记录结果。

边界说明（不做的功能）：

- 不考虑通货膨胀、商业保险、投资收益等变量。

- 不提供多方案对比、长期趋势图表、社保政策解读等功能。

- 无用户账户系统，每次使用均为独立计算。

3. 创建 MVP 的流程图

在 DeepSeek 中输入如下提示词。

使用 Mermaid 格式展示 MVP，输出仅包含核心功能和交互的 mermaid: flowchart TB

生成的 Mermaid 格式流程图，如图 3-11 所示。

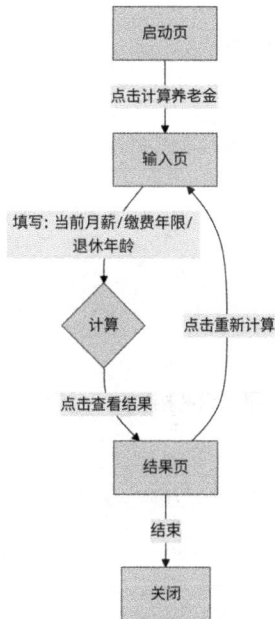

图 3-11　养老金计算器的交互流程

4. 使用 Lovable 创建应用

养老金计算器的关键在于计算准确可靠和结果展示清晰，这样才能让用户对未来的养老生活有一个合理的预期。

将 MVP 的"功能列表"部分的提示词、养老金计算规则和 Mermaid 流程图代码进行整合，得到如下提示词，并输入 Lovable。

根据如下描述帮我创建产品：养老金计算器。

功能列表（MVP 核心功能）

- **基础信息输入**：

  - 当前月薪（或缴费基数）

  - 当前养老保险累计缴费年限

  - 预期退休年龄

  - 当地社会平均工资（可选手动输入或自动获取默认值）

- **养老金计算**：

  - 根据用户输入计算**基础养老金**+**个人账户养老金**（采用国家统一公式）

  - 显示估算的**每月领取金额**

- **简单可视化**：

  - 以数字形式直接显示结果，附带简短解读（如"相当于当前收入的 XX%"）。

养老金计算规则

1. **基础养老金**

   - **公式**：

     `当地平均工资 × (1+平均缴费档次) ÷ 2 × 缴费年限 × 1%`

   - **例子**：

     平均工资 8000 元，按 60% 档次缴费 20 年→

     `8000 × (1+0.6) ÷ 2 × 20 × 1% = 1280 元/月`

2. **个人账户养老金**

   - **公式**：

`个人账户里的钱 ÷ 计发月数`（60 岁退休按 139 个月算）

- **例子**：

账户有 10 万元→`100000 ÷ 139 ≈ 719 元/月`

3. **总养老金**

- **公式**：

`基础养老金+个人账户养老金`

- **例子**：

`1280+719 = 1999 元/月`

一句话总结：

你的养老金 = **当地工资水平 × 缴费年限 × 缴费档次**+**个人账户存的钱 ÷ 计发月数**。

交互流程

flowchart TB

    A[启动页] -->|点击计算养老金 | B[输入页]

    B -->|填写：当前月薪/缴费年限/退休年龄 | C{计算}

    C -->|点击查看结果 | D[结果页]

    D -->|点击重新计算 | B

    D -->|结束| E[关闭]

借助于这些提示词生成的应用如图 3-12 所示。

在开发养老金计算器的过程中，可能遇到如下两个问题。

问题 1：数据准确性问题。

不同地区的社会平均工资数据可能不一致，对于这种问题，解决方案是提供默认参考值，同时允许用户手动输入数据。

问题 2：计算复杂度问题。

养老金计算涉及多个变量，用户可能感到困惑。对于这种问题，解决方案是将复杂计算封装在后台，前端只展示必要的输入项，并提供清晰的填写指导。

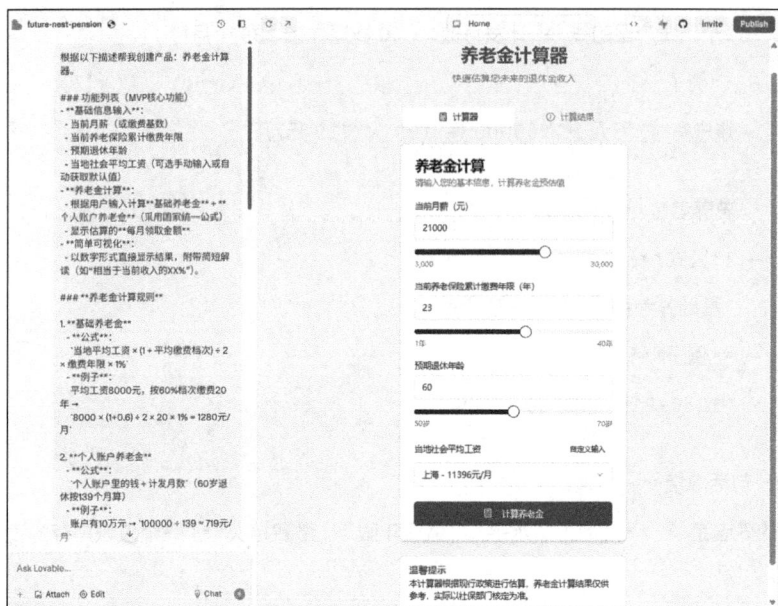

图 3-12 生成的养老金计算器

5. 类似产品

在金融科技领域，还有许多创新的工具可以帮助人们更好地规划未来。如下是几个典型的例子。

- 退休生活成本计算器：帮助用户估算退休后的生活开支，合理规划储蓄目标。
- 养老投资组合规划器：根据用户年龄和风险偏好，推荐合适的养老投资方案。
- 社保缴费优化助手：分析不同缴费基数对未来养老金的影响，帮助用户做出最优选择。

这些工具的共同特点包括专业可靠、简单易用、注重隐私保护，它们让复杂的金融决策变得简单直观，进而帮助用户做出明智的理财规划。

3.2.3 高颜值日历：让每一天都充满设计感

"为什么日历都长得一个样？"设计师小美看着手机里千篇一律的日历应用，忍不住叹了口气。作为追求美感的 Z 世代年轻人，她渴望一款既能高效管理日程，又能满足个性化审美需求的日历工具。

在这个注重个性表达的时代，年轻人不再满足于单纯的功能性工具，而是期待每款应用都能成为展现个人审美的载体。

1. 需求分析与场景构思

开发高颜值日历前，需要深入理解新一代用户的审美需求。开发人员不仅要关注功能的实用性，还要像时尚设计师一样注重视觉体验。

先用 DeepSeek 帮助梳理产品定位。这里需要像调配独特的香水一样，在功能与美感之间寻找完美的平衡点，为此请打开 DeepSeek，并输入如下提示词。

帮我设计一款 **高颜值日历**，需要清晰地定义其功能范围和应用场景，包括如下 4 个步骤。

- **用户画像分析**：明确目标用户的特征、痛点和需求。
- **场景故事描述**：用具体的场景描述产品如何解决用户问题。
- **功能边界确定**：定义产品能做什么，不能做什么。
- **交互流程设计**：规划用户使用产品的流程和交互方式。

采用 MVP 原则，实现包含最少功能的产品。

输出 MVP 描述。

1. 典型用户画像：一句话描述。
2. 场景故事：一句话描述。
3. 功能：用列表描述（只描述明确要做的功能，不需要的功能不描述）。
4. 交互流程：用列表描述。

---

2. 优化并确定 MVP 描述

复制 DeepSeek 输出的 MVP 描述，删除不必要的功能，得到如下 MVP 描述。

MVP 描述: 高颜值日历

1. 典型用户画像

20-28 岁的年轻职场人或学生，追求个性化和视觉美感，需要简洁高效的日程管理工具。

2. 场景故事

小美是一名 23 岁的设计师，她希望日历不仅实用，还能融入她的审美风格，让她在记录日程时保持心情愉悦。

3. 功能列表（MVP 核心功能）

- **高颜值 UI**：提供多种视觉主题（极简、插画风、渐变风等），支持自定义主色调。

- **基础日历视图**：月视图（默认）+ 日视图切换，支持左右滑动切换月份。

- **日程管理**：

  - 点击日期添加/编辑日程（支持文字+emoji）。

  - 长按日程拖拽调整日期。

- **社交分享**：允许用户将某日日程以美观的卡片形式分享到社交媒体（如 Instagram Story）。

- **数据同步**：仅支持本地存储。

4. 交互流程

1. **启动应用**：默认展示当前月视图，顶部显示月份和快捷切换按钮。

2. **切换视图**：点击"日"按钮切换到日视图，左右滑动切换日期。

3. **添加日程**：

   - 点击日期→弹出输入框（文字+emoji 选择）→ 保存后显示在日历上。

4. **调整日程**：

   - 长按日程→拖曳到新日期→自动更新。

5. **更换主题**：

   - 点击右上角"主题"图标→选择预设主题或自定义颜色→实时预览生效。

6. **分享日程**：

   - 点击日程→弹出"分享"按钮→生成图片卡片→跳转系统分享菜单。

边界说明（不做的功能）

> - 无提醒通知（MVP 聚焦视觉和基础记录）。
>
> - 无团队协作或多人日历。
>
> - 无复杂重复事件设置（如"每周三"需手动添加）。
>
> 此 MVP 专注解决**颜值+轻量记录**需求，后续可迭代增加智能提醒、云同步等功能。

3. 创建 MVP 的流程图

在 DeepSeek 中输入如下提示词：

> 使用 Mermaid 格式展示 MVP，输出仅包含核心功能和交互的 mermaid: flowchart TB

生成的 Mermaid 格式流程图如图 3-13 所示。

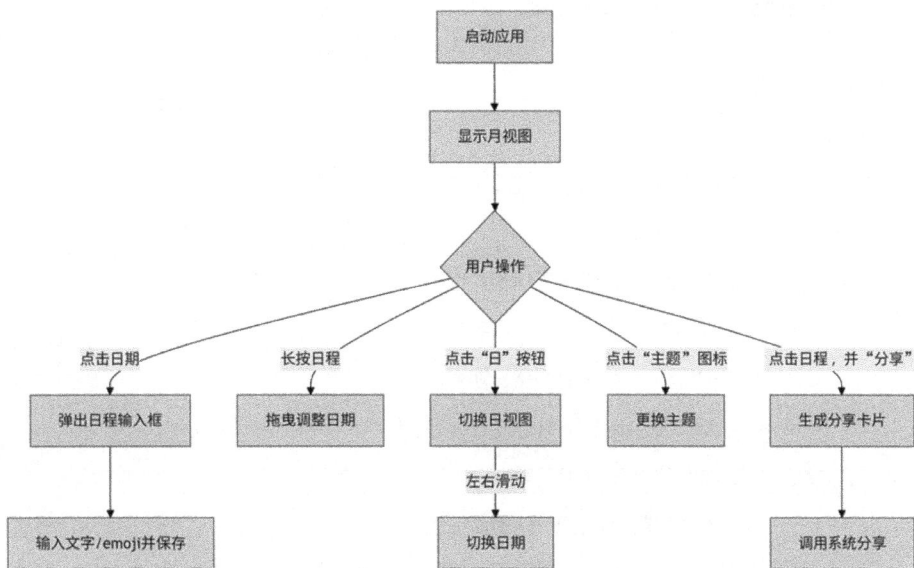

图 3-13　高颜值日历的交互流程

4. 使用 Lovable 创建应用

为了让用户在使用过程中感受到愉悦和期待，高颜值日历的关键在于精美的视觉设计和流畅的交互体验。

将 MVP 的"功能列表"部分的提示词和 Mermaid 流程图代码进行整合，得到如下提示词，并输入 Lovable。

根据如下描述帮我创建产品：高颜值日历。

功能列表（MVP 核心功能）

- **高颜值 UI**：提供多种视觉主题（极简、插画风、渐变风等），支持自定义主色调。

- **基础日历视图**：月视图（默认）+日视图切换，支持左右滑动切换月份。

- **日程管理**：

  - 点击日期添加/编辑日程（支持文字+emoji）。

  - 长按日程拖拽调整日期。

- **社交分享**：允许用户将某日日程以美观的卡片形式分享到社交媒体（如 Instagram Story）。

- **数据同步**：仅支持本地存储。

交互流程

flowchart TB

    A[启动应用] --> B[显示月视图]

    B --> C{用户操作}

    C -->|点击日期| D[弹出日程输入框]

    D --> E[输入文字/emoji 并保存]

    C -->|长按日程| F[拖曳调整日期]

    C -->|点击"日"按钮| G[切换日视图]

    G -->|左右滑动| H[切换日期]

    C -->|点击"主题"图标| I[更换主题]

    C -->|点击日程，并"分享"| J[生成分享卡片]

    J --> K[调用系统分享]

借助于这些提示词生成的应用如图 3-14 所示。

在开发高颜值日历的过程中，可能遇到**主题适配问题**。

在不同屏幕尺寸下，主题的显示效果可能不一致。对于这种问题，解决方案是采用响应式设计，确保主题在各种设备上都能完美呈现。

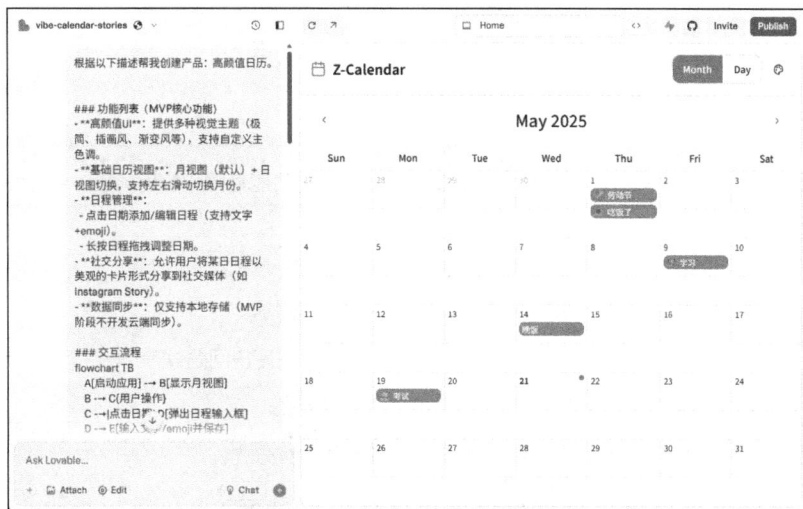

图 3-14　Lovable 生成的高颜值日历

5. 类似产品

在个性化工具领域，还有许多创新的应用可以给生活增添艺术感。如下是几个典型例子。

- 生活打卡簿：用精美的界面记录每日运动、阅读等活动，帮助养成良好的习惯。
- 创意便签墙：将灵感和想法以艺术拼贴的形式展现。
- 时光胶囊：将重要时刻以优雅的时间线形式记录和展示。

这些工具具有如下共同特点：注重视觉体验、重视个性表达、追求简约优雅。这些特点让原本普通的日常工具变成了展现个人审美的艺术品。

3.2.4　文言文连连看：提高学习兴趣

文言文考试又不及格！小明看着试卷，一脸沮丧。作为一名初中生，他对文言文总是提不起兴趣。枯燥的背诵、烦琐的语法分析，让他望而生畏，这在当今教育领域并非个案，很多学生都面临着类似的困扰。

如何让学习变得有趣？游戏化学习提供了绝佳的解决方案。通过将枯燥的知识点转化为有趣的游戏元素，可大大提升学习效果。下面借助于 Vibe 编程打造一个"文言文连连看"游戏，让学习变得轻松有趣。

1. 需求分析与场景构思

首先，打开 DeepSeek 并输入下面的提示词。

帮我设计一款**文言文连连看**，需要清晰地定义其功能范围和应用场景，包括如下 4 个步骤。

- **用户画像分析**：明确目标用户的特征、痛点和需求。
- **场景故事描述**：用具体的场景描述产品如何解决用户问题。
- **功能边界确定**：定义产品能做什么，不能做什么。
- **交互流程设计**：规划用户使用产品的流程和交互方式。

采用 MVP，用最少的功能实现产品。
- 知识点题库：预先设置 3 套题库
- 游戏化设计：每个知识点连线设计成连连看这种游戏方式
- 进度追踪：记录学习者的完成情况和成就系统
- 反馈系统：根据学习者表现给出及时反馈

输出 MVP 描述。
1. 典型用户画像：一句话描述。
2. 场景故事：一句话描述。
3. 功能：用列表描述（只描述明确要做的功能，不需要的功能不描述）。
4. 交互流程：用列表描述。

---

2. 优化并确定 MVP 描述

复制 DeepSeek 输出的 MVP 描述，删除不必要的功能，得到如下 MVP 描述。

```
### MVP 描述：文言文连连看


#### **1. 典型用户画像**
```

初中生（12-15岁），对文言文学习感到枯燥，需要趣味化工具辅助记忆重点字词和句式。

2. 场景故事

小张在课后用"文言文连连看"游戏化学习工具，通过连连看配对文言文词汇和释义，轻松记住《论语》中的重点字词，并获得成就奖励，提升学习兴趣。

3. 功能列表（MVP核心功能）

- **预设题库**：包含3套文言文题库（如《论语》选段、《世说新语》选段、课内必背文言文）。

- **连连看游戏化学习**：

  - 每关随机展示文言文词汇和现代释义，用户需正确连线配对。

  - 限时挑战模式，增加紧迫感。

- **进度追踪**：

  - 记录用户已完成的关卡和正确率。

  - 成就系统（如"初窥门径""小有所成""倒背如流"）。

- **即时反馈**：

  - 配对正确/错误时提供视觉和音效反馈。

  - 每关结束后显示正确率、用时和成就解锁情况。

4. 交互流程

1. **启动页**：

   - 显示产品名称、Logo，提供"开始学习"按钮。

2. **题库选择页**：

   - 展示3套可选题库，用户点击进入。

3. **关卡选择页**：

   - 按篇章分关卡（如《论语·学而篇》第1关），显示已解锁关卡和成就进度。

4. **游戏界面**：

   - 左侧列文言文词汇，右侧列现代释义，用户拖动连线配对。

   - 顶部显示倒计时和当前正确数。

5．**结算页**：

- 显示本关正确率、用时、成就解锁提示，并提供"下一关"或"返回"选项。

6．**成就页**（可选扩展）：

- 汇总用户已获得的成就徽章，激励持续学习。

边界说明（不包含的功能）

- 不包含社交排名、自定义题库、付费内容等复杂功能。

- 不提供文言文全文翻译或语法讲解（仅限字词配对）。

此MVP聚焦核心玩法，通过游戏化降低学习门槛，后续可迭代增加题库、难度分级等功能。

3. 创建 MVP 的流程图

接着在 DeepSeek 中输入如下提示词。

使用 Mermaid 格式展示 MVP，输出仅包含核心功能和交互的 mermaid: flowchart TB

生成的 Mermaid 格式流程图如图 3-15 所示。

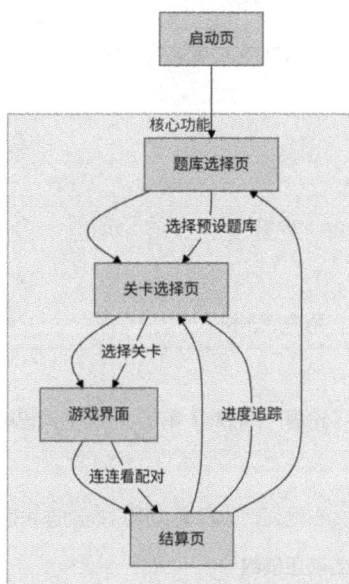

图 3-15 文言文连连看的交互流程

4. 使用 Lovable 创建应用

将 MVP 的"功能列表"部分、音效和 Mermaid 流程图代码进行整合，得到如下提示词，并输入 Lovable。

根据如下描述帮我创建产品：文言文连连看。

功能列表（MVP 核心功能）

- **预设题库**：包含 3 套文言文题库（如《论语》选段、《世说新语》选段、课内必背文言文）。

- **连连看游戏化学习**：

  - 每关随机展示文言文词汇和现代释义，用户需正确连线配对。

  - 限时挑战模式，增加紧迫感。

- **进度追踪**：

  - 记录用户已完成的关卡和正确率。

  - 成就系统（如"初窥门径""小有所成""倒背如流"）。

- **即时反馈**：

  - 配对正确/错误时提供视觉和音效反馈。

  - 每关结束后显示正确率、用时和成就解锁情况。

音效
采用纯代码 Web Audio API 生成音效的方案。

交互流程
flowchart TB

    A[启动页] --> B[题库选择页]

    B --> C[关卡选择页]

    C --> D[游戏界面]

    D --> E[结算页]

    E --> C

    E --> B

```
subgraph 核心功能
B -->|选择预设题库| C
C -->|选择关卡| D
D -->|连连看配对| E
E -->|进度追踪| C
end
```

借助于这些提示词生成的应用如图 3-16 所示。

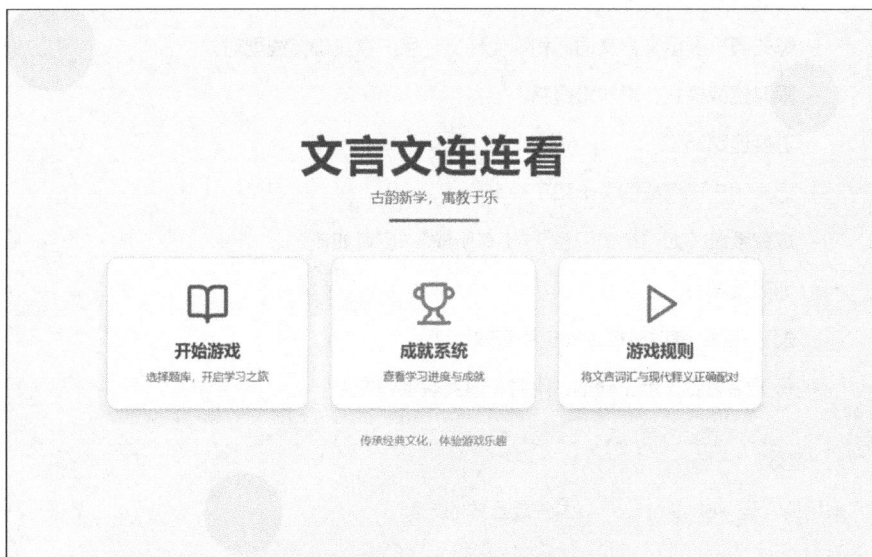

图 3-16　Lovable 生成的文言文连连看

在实现这个游戏化学习工具的过程中，需要注意如下两个问题。

（1）**界面功能缺陷。**

如果发现某些元素缺失，如进入游戏后没有出现词语，可要求 Lovable 加以修复，如图 3-17 所示。

（2）**数据缺失。**

如果出现题库数据不全的问题，可要求 Lovable 补充完整，如图 3-18 所示。

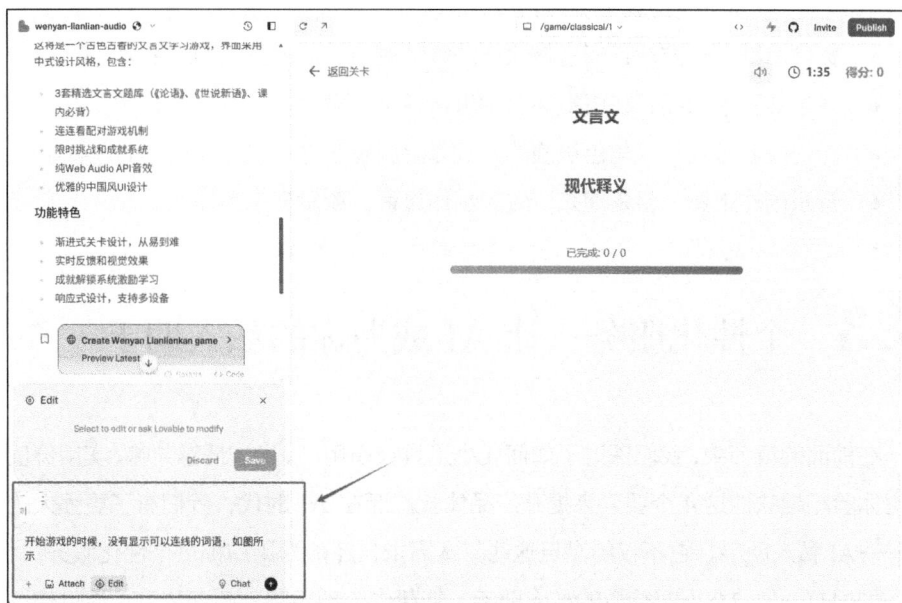

图 3-17　要求 Lovable 修复界面功能

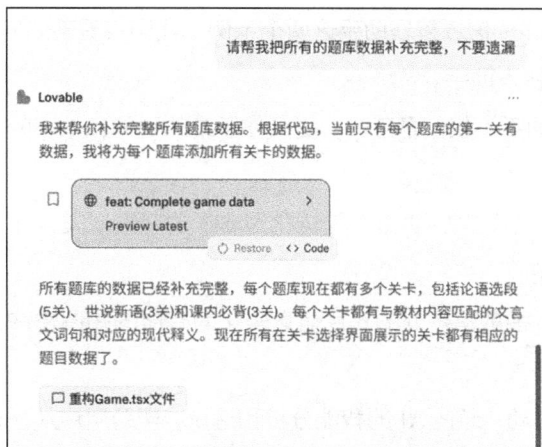

图 3-18　要求 Lovable 补充数据

5. 类似产品

"今天的物理课真是太难了！"小明看着满是公式的课本发愁地说。这样的场景在教育领域司空见惯：不仅是文言文和物理课，各学科都存在类似的学习困境，这正是游戏化学习的用武之地。

下面是一些典型的游戏化学习工具。

● 数学思维训练游戏: 通过趣味性的数学题目, 培养逻辑思维能力。

● 科学实验模拟器: 在虚拟环境中进行各种科学实验, 安全又有趣。

● 历史探索游戏: 以角色扮演的方式体验历史事件, 加深对历史的理解。

● 音乐创作工具: 将乐理知识融入创作过程, 激发音乐潜能。

3.3 个性化服务: 让 AI 成为你的私人助手

在前面的章节中, 我们探讨了如何让小工具吸引用户, 通过情感共鸣、实用价值、视觉体验和趣味性这 4 个要素来提升产品体验。而在 AI 时代, 我们有了更强大的武器——AI 私人助手。它不仅能满足这些基本需求, 还能为用户提供个性化服务。

如果有一位 24 小时待命的私人助手, 能帮你梳理思路、整理信息、提供建议, 这将会给你的工作和生活带来怎样的改变? 这正是我们在本节要探讨的主题。通过 AI 思维导师和 AI 碎片信息整理助手这两个示例, 我们将看到如何将 AI 的强大能力转化为触手可及的私人助手。

这些 AI 私人助手不仅仅是工具, 更是你思维的延伸和效率的倍增器。它们的强大能力总结如下。

● 化繁为简: 将复杂的决策过程转化为清晰的思维框架, 让专业的思维方法变得人人可用。

● 化整为零: 把散落各处的碎片信息转化为有序的知识资产, 让每一个灵感都不会白白流失。

● 化被动为主动: 通过 AI 的智能分析和建议, 帮助用户从被动的信息接收者变成主动的决策者。

● 化标准为个性: 根据每个用户的使用习惯和需求, 提供量身定制的服务, 让工具真正成为个人助手。

本节将通过 2 个具体的案例, 展示借助于 Vibe 编程的方法如何在 30 分钟内打造这样的私人助手。

3.3.1　AI 思维导师：让结构化思维触手可及

"这个项目该不该接？"小王坐在办公室里，面对着一份重要的商业合作提案犯了难。作为一名年轻的项目经理，他深知决策的重要性，担心自己的判断会受到个人经验和情绪的影响。这样的场景在职场中太常见了——我们每天都要面对大大小小的决策，却常常陷入思维定式或决策焦虑中。

借助于 Vibe 编程的方法，可以快速构建一个 AI 思维导师，它不仅能提供结构化的分析框架，还能通过 AI 的力量给出更深入的见解。

1.　需求分析与场景构思

现代职场人面临的最大挑战之一就是需要在信息爆炸的环境中快速做出准确的决策。虽然市面上有很多思维模型和决策工具，但它们往往过于理论化，难以在实际工作中灵活运用。

对于 AI 思维导师这样的工具，关键是要让复杂的思维模型变得简单易用，同时借助 AI 的力量提供更有价值的分析见解。

打开 DeepSeek，输入如下提示词。

帮我设计一款能够使用各种思维模型来帮助我思考的**AI 思维导师**应用，需要清晰地定义其功能范围和应用场景，包括如下 4 个步骤。

- **用户画像分析**：明确目标用户的特征、痛点和需求。
- **场景故事描述**：用具体的场景描述产品如何解决用户问题。
- **功能边界确定**：定义产品能做什么，不能做什么。
- **交互流程设计**：规划用户使用产品的流程和交互方式。

采用 MVP 原则，实现包含最少功能的产品。

输出 MVP 描述。

1. 典型用户画像：一句话描述。

2. 场景故事：一句话描述。

3．功能：用列表描述（只描述明确要做的功能，不需要的功能不描述）。

4．交互流程：用列表描述。

2. 优化并确定 MVP 描述

　　一款好的思维工具不应该让用户迷失在繁杂的模型中，而是要像一份精心策划的分析报告，让用户第一眼就能抓住问题的关键。复制 DeepSeek 输出的 MVP 描述，删除不必要的功能，得到如下 MVP 描述。

MVP 描述：AI 思维导师

1. **典型用户画像**
忙碌的职场人士或创业者，需要快速应用结构化思维模型（如 SWOT、第一性原理等）解决工作或决策问题，但缺乏时间系统学习或容易陷入思维定式。

2. **场景故事**
用户面临是否跳槽的决策时，打开应用选择"决策矩阵"模型，输入选项（如薪资、成长性等），AI 自动生成可视化分析结果并给出优先级建议，帮助用户 10 分钟内厘清思路。

3. **功能列表（MVP 核心功能）**
- **模型库**：提供 5 种最常用思维模型（如 SWOT、5W1H、决策矩阵、第一性原理、成本效益分析）。

- **交互式问答**：用户选择模型后，通过分步表单输入关键参数（如 SWOT 的优势/劣势条目）。

- **AI 生成报告**：基于输入自动生成结构化分析结果（格式美化展示）。

- **案例参考**：每个模型附带 1 个简短的实际应用案例（如"用 5W1H 分析产品销量下降"）。

4. **交互流程**
1. **启动页**：展示 5 种模型图标及对应的简短描述，用户点击选择。

2. **输入引导**：分步骤表单（如 SWOT 模型分 4 个输入框填写 S/W/O/T）。

3. **结果页**：

- AI 生成分析报告（如决策矩阵的加权得分表格）。

- 底部提供"保存为笔记"或"显示案例"按钮。

4．**案例入口**：结果页侧边栏可点击查看相关案例。

边界说明（不包含的功能）

- 不提供自定义模型或复杂数据导入。

- 不支持多模型串联分析（MVP 阶段仅单次单模型使用）。

- 无长期记忆功能（每次使用独立）。

注意，如果需要更换不同的思维模型，修改 MVP 描述的"功能列表"部分即可。

3. 创建 MVP 的流程图

在 DeepSeek 里输入如下提示词。

使用 Mermaid 格式展示 MVP，输出仅包含核心功能和交互的 mermaid: flowchart TB

生成的 Mermaid 格式流程图，如图 3-19 所示。

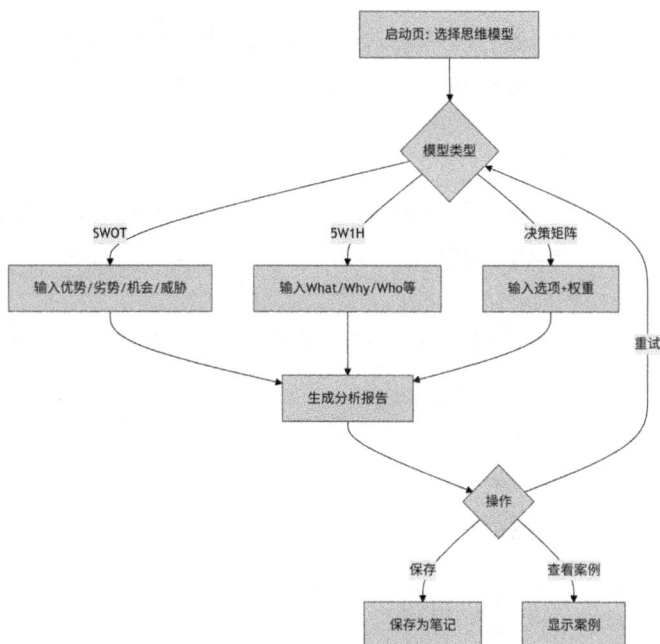

图 3-19 AI 思维导师的交互流程

4. 使用 Lovable 创建应用

在实现 AI 思维导师系统时，需通过调用大语言模型（Large Language Model，LLM）的 API 生成专业分析报告。此处选用硅基流动提供的 API 服务，需补充 LLM API 请求的上下文参数，具体可参考硅基流动 API 服务文档（访问"硅基流动"的官网，在"用户手册"页面可查看"创建文本对话请求"的方法）。

将 MVP 的"功能列表"部分的提示词、LLM API 的提示（使用 API 文档 URL 或者从文档里选择关键信息）和 Mermaid 流程图代码进行整合，得到如下提示词，并输入 Lovable。

根据如下描述帮我创建产品：AI 思维导师。

功能列表（MVP 核心功能）**

- **模型库**：提供 5 种最常用思维模型（如 SWOT、5W1H、决策矩阵、第一性原理、成本效益分析）。

- **交互式问答**：用户选择模型后，通过分步表单输入关键参数（如 SWOT 的优势/劣势条目）。

- **AI 生成报告**：基于输入自动生成结构化分析结果（格式美化展示）。

- **案例参考**：每个模型附带 1 个简短的实际应用案例（如"用 5W1H 分析产品销量下降"）。

AI 生成报告
将用户在表单中输入的关键信息（如 SWOT 的各个条目等）作为提示词，调用 LLM API，生成结构化的结构化分析结果。其中 apiKey 和 apiUrl 需要提供设置的 UI：

```
const apiUrl='https://api.siliconflow.cn/v1/chat/completions';
const apiKey= '<token>'
const options = {
  method: 'POST',
  headers: {Authorization: `Bearer ${apiKey}`, 'Content-Type': '
application/json'},
  body: JSON.stringify({
        "model": "Qwen/Qwen3-8B",
```

```
            "messages": [
                {
                    "role": "user",
                    "content": "根据如下 SWOT 分析，请生成一份结构化的报告。\n\n
优势（S）:\n- 技术领先\n- 品牌知名度高\n\n 劣势（W）:\n- 成本较高\n- 渠道覆盖
不足\n\n 机会（O）:\n- 政策扶持\n- 新兴市场增长\n\n 威胁（T）:\n- 竞争加剧\n- 原
材料价格上涨"
                }
            ],
            "stream": false,
            "max_tokens": 512,
            "enable_thinking": false
        })
    };

fetch(apiUrl, options)
    .then(response => response.json())
    .then(response => console.log(response))
    .catch(err => console.error(err));
```

- API 返回结果需提取 choices[0].message.content 中的内容，并进行格式美化展示：

```
{
    "id": "<string>",
    "choices": [
        {
            "message": {
                "role": "assistant",
                "content": "<string>",
                "reasoning_content": "<string>",
```

```
      "tool_calls": [
        {
          "id": "<string>",
          "type": "function",
          "function": {
            "name": "<string>",
            "arguments": "<string>"
          }
        }
      ]
    },
    "finish_reason": "stop"
  }
 ]
}
```

交互流程

```
flowchart TB
    A[启动页：选择思维模型] --> B{模型类型}
    B -->|SWOT| C1[输入优势/劣势/机会/威胁]
    B -->|5W1H| C2[输入 What/Why/Who 等]
    B -->|决策矩阵| C3[输入选项+权重]
    C1 --> D[生成分析报告]
    C2 --> D
    C3 --> D
    D --> E{操作}
    E -->|保存| F[保存为笔记]
    E -->|重试| B
    E -->|查看案例| G[显示案例]
```

借助于这些提示词生成的应用如图 3-20 所示。

图 3-20　Lovable 生成的 AI 思维导师

在使用 AI 思维导师时，如下两个常用参数的设置可能会遇到一些细节问题。

● stream 参数设置为 true，代表开启流式传输。

● enable_thinking 参数设置为 true，代表开启推理过程的。

5. 优化方向

AI 思维导师还有很多值得优化的方向，例如下面 4 个。

● 多维分析：结合大数据和 AI 技术，从多个角度分析问题，提供全方位的思维
视角。

● 实时认知辅助：在用户思考过程中给出即时的建议和指导，避免认知偏差与
思维定式。

● 专家模式：模拟不同领域专家的思维方式，让用户学习多样化的问题解决
方法。

● 智能总结：自动提炼思维过程中的关键点，输出结构化行动建议与风险评估。

　　在这个决策越来越复杂的时代，AI 思维导师能够帮助每个人使用结构化思维来
思考问题，成为更好的决策者。这正是 Vibe 编程的魅力所在——让技术真正服务于
人的需求，让复杂的问题简单明了。

3.3.2 AI 碎片信息整理助手：让零散思维化为有序智慧

"又是忙碌的一天，手机备忘录里堆满了各种待办事项和灵感。"小李看着自己凌乱的笔记，一筹莫展。这是现代职场人的普遍困扰——每天都在不同场合记录大量碎片化信息，但这些珍贵的想法和计划常常淹没在大量信息中，难以有效整理和利用。

借助于 Vibe 编程，我们只需要 30 分钟就能打造一个 AI 碎片信息整理助手。它不仅能帮自动分类整理各种碎片信息，还能将零散的想法转化为结构化的知识。

1. 需求分析与场景构思

虽然市面上有很多笔记和待办事项工具，但它们大多缺乏智能化的整理能力，用户仍需要花费大量时间手动整理和分类。

因此，对于 AI 碎片信息整理助手这样的工具，关键是要让复杂的信息管理变得简单，并借助 AI 模型提供智能化的整理服务。

打开 DeepSeek，输入如下提示词。

> 帮我设计一款**AI 碎片信息整理助手**应用，需要清晰地定义其功能范围和应用场景，包括如下 4 个步骤。
>
> – **用户画像分析**：明确目标用户的特征、痛点和需求。
> – **场景故事描述**：用具体的场景描述产品如何解决用户问题。
> – **功能边界确定**：定义产品能做什么，不能做什么。
> – **交互流程设计**：规划用户使用产品的流程和交互方式。
>
> 采用 MVP，用最少的功能（手动录入文本信息）实现产品。
>
> 输出 MVP 描述。
>
> 1. 典型用户画像：一句话描述。
> 2. 场景故事：一句话描述。

3．功能：用列表描述（只描述明确要做的功能，不需要的功能不描述）。

4．交互流程：用列表描述。

2．优化并确定 MVP 描述

复制 DeepSeek 输出的 MVP 描述，删除不必要的功能，得到如下 MVP 描述。

MVP 描述：AI 碎片信息整理助手

1．典型用户画像
忙碌的都市上班族，经常在通勤、会议间隙通过手机记录零散想法或待办事项，但缺乏高效整理工具，导致信息混乱或遗忘。

2．场景故事
用户在午休时用手机快速记录了一条会议灵感、一条购物清单和一条周末计划，通过助手一键分类并生成结构化待办列表，下班前统一查看处理。

3．功能列表（MVP 核心功能）
- **手动文本输入**：支持用户直接粘贴或输入多段碎片文本（如便签、聊天记录）。
- **自动分类打标签**：通过 AI 识别文本类型（如待办、灵感、备忘等），添加标签（如 `#工作`/`#生活`）。
- **结构化整理**：将杂乱文本转换为清单、日程提醒等标准化格式（如自动分段、添加项目符号）。
- **本地存储与导出**：支持按标签筛选查看，并导出为 `.txt` 或分享至其他 App（如微信、钉钉）。

4．交互流程
1．**启动应用**：首页仅显示一个文本框和「整理」按钮。
2．**输入碎片文本**：用户粘贴或输入多行零散内容（如 `买咖啡#生活 明天提交报告 #工作`）。
3．**一键整理**：点击「整理」后，AI 自动分类并生成带标签的清单（如 `[生活] 买咖啡`、`[工作] 明天提交报告`）。
4．**结果处理**：用户可点击「保存」存储结果，或「导出」分享至其他应用。

边界说明（不做的功能）

- 不提供语音输入、图片 OCR、多端同步、复杂编辑等功能。

MVP 聚焦手动文本的高效整理，降低开发成本验证核心需求。

3. 创建 MVP 的流程图

在 DeepSeek 里输入如下提示词。

使用 Mermaid 格式展示 MVP，输出仅包含核心功能和交互的 mermaid: flowchart TB

生成的 Mermaid 格式流程图，如图 3-21 所示。

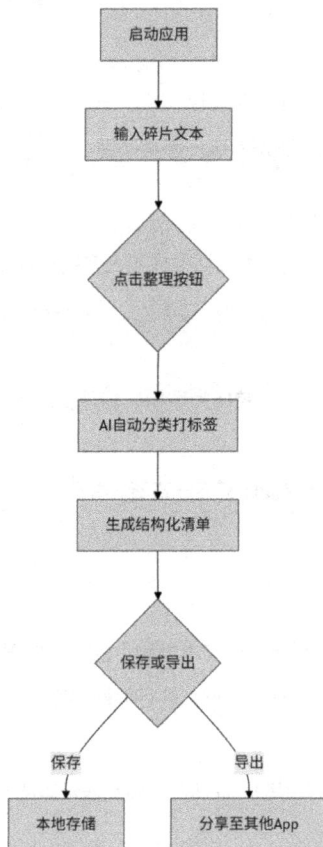

图 3-21　AI 碎片信息整理助手的交互流程

4. 使用 Lovable 创建应用

在实现 AI 碎片信息整理助手时，需要调用 LLM API 来实现智能分类和结构化处理。这里我们选择使用硅基流动提供的 API 服务。

将 MVP 描述的"功能列表"部分、必要的 API 调用代码和 Mermaid 流程图代码进行整合，得到如下提示词，并输入 Lovable。

根据如下描述帮我创建产品：AI 碎片信息整理助手。

功能列表（MVP 核心功能）
- **手动文本输入**：支持用户直接粘贴或输入多段碎片文本（如便签、聊天记录）。
- **自动分类打标签**：通过 AI 识别文本类型（如待办、灵感、备忘等），添加标签（如 `#工作`/`#生活`）。
- **结构化整理**：将杂乱文本转换为清单、日程提醒等标准化格式（如自动分段、添加项目符号）。
- **本地存储与导出**：支持按标签筛选查看，并导出为 `.txt` 或分享至其他 App（如微信、钉钉）。

自动分类打标签
将用户输入的信息作为提示词，调用 LLM API，生成结构化的整理结果。其中 apiKey、apiUrl 和 model 需要提供设置的 UI：

```
const apiUrl='https://api.siliconflow.cn/v1/chat/completions';
const apiKey= '<token>'
const model="Qwen/Qwen3-8B"

const options = {
  method: 'POST',
  headers: {Authorization: `Bearer ${apiKey}`, 'Content-Type': '
application/json'},
  body: JSON.stringify({
        "model":model,
```

```
          "messages": [
            {
              "role": "user",
              "content": "根据如下 SWOT 分析,请生成一份结构化的报告。\n\n
优势（S）:\n- 技术领先\n- 品牌知名度高\n\n 劣势（W）:\n- 成本较高\n- 渠道覆盖
不足\n\n 机会(O):\n- 政策扶持\n- 新兴市场增长\n\n 威胁(T):\n- 竞争加剧\n- 原
材料价格上涨"
            }
          ],
          "stream": false,
          "max_tokens": 512,
          "enable_thinking": false
        })
    };

  fetch(apiUrl, options)
    .then(response => response.json())
    .then(response => console.log(response))
    .catch(err => console.error(err));
```

- API 返回结果需提取 choices[0].message.content 中的内容，并进行格式美化
展示：

```
{
  "id": "<string>",
  "choices": [
    {
      "message": {
        "role": "assistant",
        "content": "<string>",
```

```json
      "reasoning_content": "<string>",
      "tool_calls": [
        {
          "id": "<string>",
          "type": "function",
          "function": {
            "name": "<string>",
            "arguments": "<string>"
          }
        }
      ]
    },
    "finish_reason": "stop"
  }
 ]
}
```

交互流程

```
flowchart TB
    A[启动应用] --> B[输入碎片文本]
    B --> C{点击整理按钮}
    C --> D[AI 自动分类打标签]
    D --> E[生成结构化清单]
    E --> F{保存或导出}
    F -->|保存| G[本地存储]
    F -->|导出| H[分享至其他 App]
```

借助于这些提示词生成的应用如图 3-22 所示。

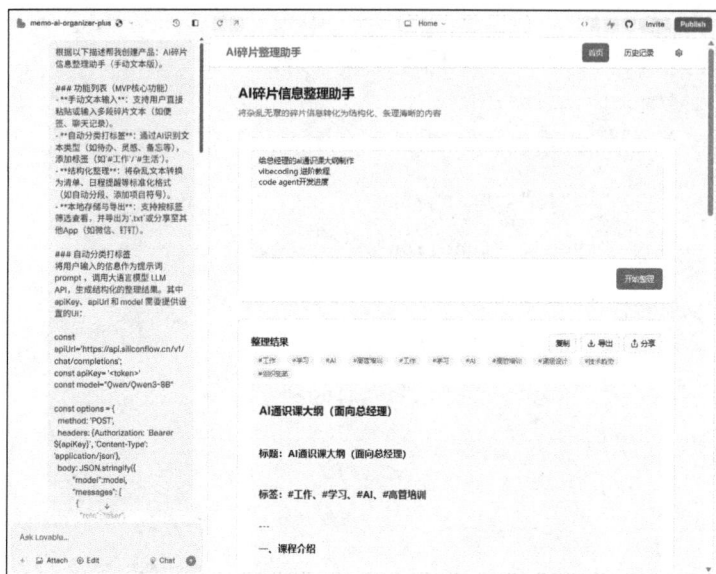

图 3-22　Lovable 生成的 AI 碎片信息整理助手

在使用 AI 碎片信息整理助手时，可能会遇到如下 3 个问题。

- 文本识别准确度问题，可以在输入时使用简单的标记（如"#工作""#生活"）来辅助 AI 理解。

- 批量处理效率问题，可以实现分批处理机制，每次处理适量的文本内容。

- 个性化分类问题（如预设的分类不符合某些用户的需求），允许用户自定义常用标签，让 AI 模型学习用户的分类习惯。

5. 优化方向

AI 碎片信息整理助手还有很多值得优化的方向，例如下面 4 个。

- 智能分类推荐。根据用户平时整理信息的习惯，自动推荐更合适的分类方法和标签，就像有个小助手帮你找好收纳盒一样方便。

- 多方式信息录入。支持语音输入、拍照识别文字等多种添加信息的方式，不用手动打字也能快速把看到听到的内容存进来。

- 信息关系梳理。自动把用户整理的内容连成一张"知识网"，帮你发现不同信息之间的关联，构建个人知识网络。

- 自动整理小管家。支持自定义规则（如"晚上 8 点提醒整理当天笔记"），让工具自动完成信息分类、归纳和提醒，减少重复操作。

第 **4** 章

生活必备工具，解决你的真实痛点

本章将通过健康生活助手、时间管理大师和社交助手这 3 类应用的开发，展示 Vibe 编程解决常见生活"小事"的能力，帮助读者构建好用的、适合自己的应用。

4.1 健康生活助手：让 AI 成为你的私人健康顾问

"健康是 1，其他都是后面的 0。"这句话道出了健康的重要性。在这个快节奏的时代，我们每个人都面临着各种健康挑战：

- 有人为减重烦恼，不知如何科学饮食；
- 有人被工作压力困扰，难以找到放松方式；
- 有人被失眠困扰，却不知该如何调节；
- ……

这些看似简单的问题，却深深影响着我们的生活质量和工作效率。本节将通过两个精心设计的健康工具（减脂营养师、呼吸练习助手），展示如何运用 Vibe 编程的"4 步创作法"，快速将健康需求转化为可用的工具。

4.1.1 减脂营养师：你的专属智能饮食顾问

"又是一顿外卖！"小美看着桌上的快餐盒，叹了口气。作为一名忙碌的上班族，她想减重却总是难以坚持。每次查找减肥食谱，要么太复杂，要么根本不符合她的饮食偏好。"要是有一个懂我、又专业的营养师就好了。"这样的困扰不只小美一个人有——在快节奏的都市生活中，很多人都在寻找一个简单可行的减重方案。

借助于 Vibe 编程，我们只需要 30 分钟就能打造一个减脂营养师。它不仅考虑你的身体状况，还会根据你的饮食偏好，推荐合适的健康食谱。

1. 需求分析与场景构思

减重不仅仅是一个数字游戏，更是一场持久战。用户需要的不只是一个简单的卡路里计算器，而是一个能够理解他们生活方式和饮食习惯，并提供可执行建议的智能助手。

打开 DeepSeek，输入如下提示词。

帮我设计一款**减脂营养师**，需要清晰地定义其功能范围和应用场景，包括如下 4 个步骤。

- **用户画像分析**：明确目标用户的特征、痛点和需求。
- **场景故事描述**：用具体的场景描述产品如何解决用户问题。
- **功能边界确定**：定义产品能做什么，不能做什么。
- **交互流程设计**：规划用户使用产品的流程和交互方式。

采用 MVP，用最少的功能实现产品。
- 输入尽量使用选项
- 操作步骤要尽可能少
- 只做最核心的 1～2 个必备的功能

输出 MVP 描述。
1．典型用户画像：一句话描述。
2．场景故事：一句话描述。
3．功能：用列表描述（只描述明确要做的功能，不需要的功能不描述）。
4．交互流程：用列表描述。

---

2. 优化并确定 MVP 描述

复制 DeepSeek 输出的 MVP 描述，删除不必要的功能，得到如下 MVP 描述。

MVP 描述：减脂营养师

1. 典型用户画像

忙碌的上班族，希望科学减脂但缺乏时间和专业知识，需要简单、个性化的饮食建议。

2. 场景故事

用户小王（30 岁，办公室工作，BMI 超标）打开 App，输入基础信息和饮食偏好后，立刻获得一份适合他的减脂食谱，并可以一键生成购物清单。

3. 功能列表（MVP 核心功能）

- **用户信息录入**（性别、年龄、身高、体重、目标体重、活动水平）

- **饮食偏好选择**（忌口：如素食、无乳糖；口味偏好：中式/西式等）

- **生成每日减脂食谱**（基于用户数据和偏好，推荐 3 餐+加餐）

- **一键生成购物清单**（整合食谱所需食材，支持导出或分享）

4. 交互流程

1. **启动页**：简洁标语（如"3 步定制你的减脂食谱"）+立即开始按钮。

2. **信息输入页**：

   - 分步填写：①基础数据（身高/体重等）；②饮食偏好（多选项勾选）。

   - 禁用自由输入，全部采用滑动条或单选/多选。

3. **食谱生成页**：

   - 直接显示今日推荐食谱（图文），底部按钮"生成购物清单"。

4. **购物清单页**：

   - 列表显示食材+分量，支持"复制文本"或"分享到微信"。

关键设计原则

- **极简输入**：避免手动输入，全部用选项/滑块。

- **零学习成本**：从打开到生成食谱≤3 步。

- **不做功能**：社交、打卡、运动记录、付费课程等。

3. 创建 MVP 的流程图

在 DeepSeek 里输入如下提示词。

> 使用 Mermaid 格式展示 MVP，输出仅包含核心功能和交互的 mermaid: flowchart TB

生成的 Mermaid 格式流程图如图 4-1 所示。

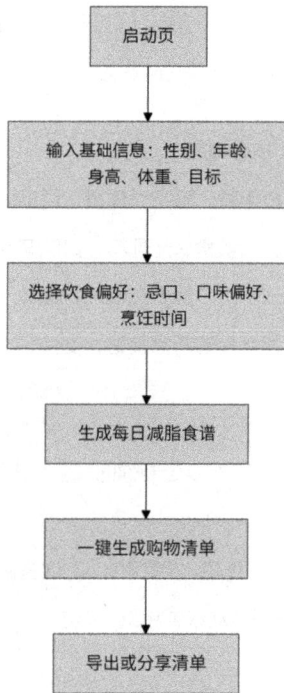

图 4-1 减脂营养师的交互流程

4. 创建 System 提示词

System 提示词定义了 AI 在对话中应该扮演什么角色、如何理解和回应用户的需求，它包括如下 4 个部分。

- 角色定位：你是谁（例如一个专业的营养师）。
- 工作范围：你能做什么，不能做什么。
- 行为准则：如何回应用户，遵循什么规则。
- 输出格式：如何组织和呈现信息。

以减脂营养师为例，System 提示词需要明确定义这 4 个部分。

- 角色定位：专业的减脂营养师。
- 工作范围：根据用户的身体数据和饮食偏好，生成每日食谱和食材清单，且不要推荐用户忌口的食材、复杂的烹饪步骤和模糊分量。
- 行为准则：科学优先和严格遵循用户偏好。
- 输出格式：输出早餐、午餐食谱及对应的购物清单。

通过设置合适的 System 提示词，可以确保 AI 始终以专业、一致的方式为用户服务，就像一位经验丰富的营养师，既专业又贴心地帮助用户实现健康目标。

继续在 DeepSeek 里输入。

根据 MVP 功能描述，创建用于 AI 生成食谱的 System 提示词

DeepSeek 为创建的 System 提示词如下。

```
### **System 提示词 for AI Dietitian**
**Role**:
你是一名专业的减脂营养师，根据用户提供的身体数据（BMI、目标体重）和饮食偏好（忌口、口味、烹饪时间），生成**简单、可执行、热量可控**的每日食谱，并附带清晰的食材清单。

**Rules**:
1. **科学优先**
   - 每日总热量 = 用户基础代谢 × 活动系数 -300～500kcal（安全减脂缺口）
   - 营养素分配：蛋白质 30% / 脂肪 25% / 碳水 45%
   - 食材选择：高饱腹感（燕麦、鸡胸肉）、低 GI（糙米、西蓝花）

2. **严格遵循用户偏好**
   - 若用户选择"素食"，禁用所有肉类，用豆类/藜麦替代蛋白质
   - 若用户选择"中式"，避免生冷沙拉，推荐蒸煮炒等烹饪方式

3. **输出格式标准化**
   ## 早餐
```

- [菜名]：[食材+分量]（如：燕麦粥：燕麦 50g+牛奶 200ml）

- **热量**：XXX kcal

午餐（示例）

- 糙米饭：糙米 80g

- 清蒸鱼：鲈鱼 100g+姜片

- **总热量**：XXX kcal

购物清单

- 燕麦 50g

- 鲈鱼 100g

4．**禁止行为**

- 推荐用户忌口的食材（如用户选择"无乳糖"时禁用牛奶）

- 复杂的烹饪步骤（单菜烹饪时间≤20 分钟）

- 模糊分量（必须标注克数/毫升数）

5. 使用 Lovable 创建应用

将 MVP 的"功能列表"部分的提示词、Mermaid 流程图代码和 System 提示词进行整合，得到如下提示词，并输入 Lovable。

根据如下描述帮我创建产品：减脂营养师。

功能列表（MVP 核心功能）
- **用户信息录入**（性别、年龄、身高、体重、目标体重、活动水平）

- **饮食偏好选择**（忌口：如素食、无乳糖；口味偏好：中式/西式等）

- **生成每日减脂食谱**（基于用户数据和偏好，推荐 3 餐+加餐）

- **一键生成购物清单**（整合食谱所需食材，支持导出或分享）

交互流程
flowchart TB

A[启动页] --> B[输入基础信息：性别、年龄、身高、体重、目标]

B --> C[选择饮食偏好：忌口、口味、偏好、烹饪时间]

C --> D[生成每日减脂食谱]

D --> E[一键生成购物清单]

E --> F[导出或分享清单]

生成每日减脂食谱

将用户输入的信息作为提示词，调用 LLM API，生成每日减脂食谱。其中 apiKey、apiUrl 和 model 需要提供设置的 UI：

```
const apiUrl='https://api.siliconflow.cn/v1/chat/completions';
const apiKey= '<token>';
const model="Qwen/Qwen3-8B";
```

const systemPrompt=`你是一名专业的减脂营养师, 根据用户提供的身体数据(BMI、目标体重) 和饮食偏好（忌口、口味、烹饪时间), 生成**简单、可执行、热量可控**的每日食谱, 并附带清晰的食材清单。规则：

1．**科学优先**

 - 每日总热量 = 用户基础代谢 × 活动系数 -300～500kcal（安全减脂缺口）

 - 营养素分配：蛋白质 30% / 脂肪 25% / 碳水 45%

 - 食材选择：高饱腹感（燕麦、鸡胸肉）、低 GI（糙米、西蓝花）

2．**严格遵循用户偏好**

 - 若用户选择"素食", 禁用所有肉类, 用豆类/藜麦替代蛋白质

 - 若用户选择"中式", 避免生冷沙拉, 推荐蒸煮炒等烹饪方式

3．**输出格式标准化**

 ## 早餐

 - [菜名]: [食材+分量]（如: 燕麦粥: 燕麦 50g+牛奶 200ml）

 - **热量**: XXX kcal

```
## 午餐（示例）
- 糙米饭：糙米 80g
- 清蒸鱼：鲈鱼 100g+姜片
- **总热量**：XXX kcal

## 购物清单
- 燕麦 50g
- 鲈鱼 100g
```

4. **禁止行为**

- 推荐用户忌口的食材（如用户选择"无乳糖"时禁用牛奶）
- 复杂的烹饪步骤（单菜烹饪时间≤20 分钟）
- 模糊分量（必须标注克数/毫升数）`

```
const options = {
  method: 'POST',
  headers: {Authorization: `Bearer ${apiKey}`, 'Content-Type':
'application/json'},
  body: JSON.stringify({
        "model":model,
        "messages": [
          {
            "role":"system",
            "content":systemPrompt
          },
          {
            "role": "user",
            "content": "用户的信息和饮食偏好等"
          }
```

```
            ],
            "stream": false,
            "max_tokens": 512,
            "enable_thinking": false
        })
    };

fetch(apiUrl, options)
    .then(response => response.json())
    .then(response => console.log(response))
    .catch(err => console.error(err));
```

- API 返回结果需提取 choices[0].message.content 中的内容，并进行格式美化展示：

```
{
    "id": "<string>",
    "choices": [
        {
            "message": {
                "role": "assistant",
                "content": "<string>",
                "reasoning_content": "<string>",
                "tool_calls": [
                    {
                        "id": "<string>",
                        "type": "function",
                        "function": {
                            "name": "<string>",
                            "arguments": "<string>"
                        }
```

```
            }
        ]
    },
    "finish_reason": "stop"
    }
    ]
}
```

借助于这些提示词生成的应用，如图 4-2 所示。

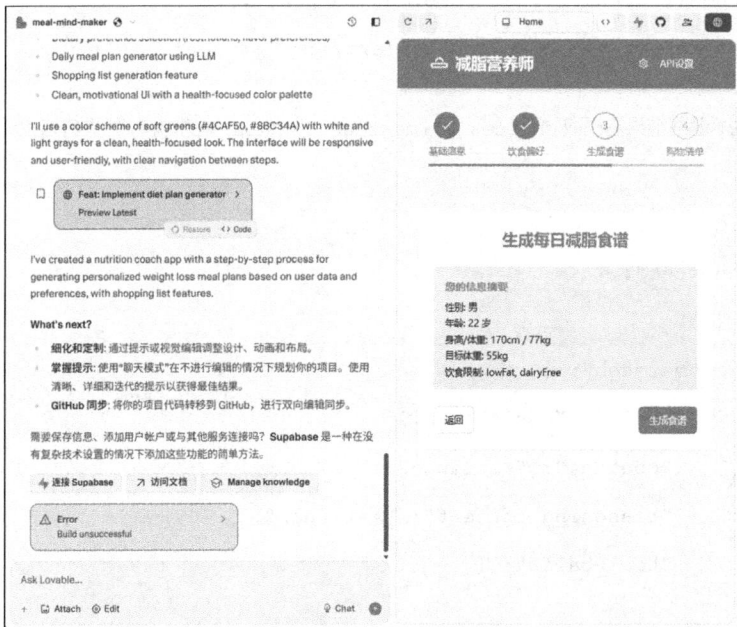

图 4-2　Lovable 生成的减脂营养师应用

在使用减脂营养师的过程中，你可能会遇到如下 3 个问题。

● 推荐的食材非当季的问题，可以在用户偏好中添加"季节性食材"选项，让 AI 优先推荐当季食材。

● 烹饪难度不一致问题，可以在系统提示中增加难度等级限制，确保推荐的菜品烹饪难度相近。

- 购物清单不够智能的问题，可以优化购物清单算法，考虑食材保质期和使用频率，避免浪费。

6. 优化方向

减脂营养师的优化方向，主要包括如下 4 个。

- 智能调整功能。根据用户反馈自动优化食谱推荐，分析用户的饮食习惯和喜好，动态调整每日热量与营养配比。

- 社区互动功能。支持用户分享减重经验，交流改良食谱的心得，组织线上减重打卡活动。

- 数据分析功能。追踪记录用户的减重进度，分析饮食模式与减重效果的关联，生成个性化进步报告。

- 场景化推荐功能。根据天气推荐适配食谱，针对聚餐等特殊场合提供饮食建议，给出外出就餐时的菜品选择指导。

通过这些优化，减脂营养师能够更好地服务用户，让健康饮食变得更简单、更有趣。记住，最好的产品不是功能最多的，而是最懂用户需求的。就像一位贴心的私人营养师，它应该既专业又体贴，既严格又灵活，帮助用户在享受美食的同时实现健康目标。

4.1.2　呼吸练习助手：你的随身减压助手

"又是一个焦虑的下午。"小张坐在办公室里，感觉压力像山一样压在胸口。工作压力、生活节奏、人际关系……各种烦恼让他喘不过气来。这样的场景在现代人的生活中太常见了。我们虽然知道深呼吸能帮助放松，但不清楚如何正确地进行呼吸练习、什么样的呼吸节奏最有效。

借助于 Vibe 编程，我们只需要 30 分钟就能打造一个专业的呼吸练习助手。它不仅能引导你进行科学的呼吸练习，还能根据你的需求选择不同的呼吸模式。

1. 需求分析与场景构思

现代人普遍面临着压力和焦虑的困扰，有的人需要快速平静下来，有的人则需要提升专注力，因此我们需要设计一个能够根据不同需求提供个性化指导的呼吸练习助手。

打开 DeepSeek，输入如下提示词。

帮我设计一款**呼吸练习**应用，需要清晰地定义其功能范围和应用场景，包括如下 4 个步骤。

– **用户画像分析**：明确目标用户的特征、痛点和需求。

– **场景故事描述**：用具体的场景描述产品如何解决用户问题。

– **功能边界确定**：定义产品能做什么，不能做什么。

– **交互流程设计**：规划用户使用产品的流程和交互方式。

采用 MVP，用最少的功能实现产品。

– 输入尽量使用选项

– 操作步骤要尽可能少

– 只做最核心的 1～2 个必备的功能

输出 MVP 描述。

1．典型用户画像：一句话描述。

2．场景故事：一句话描述。

3．功能：用列表描述（只描述明确要做的功能，不需要的功能不描述）。

4．交互流程：用列表描述。

2. 优化并确定 MVP 描述

复制 DeepSeek 输出的 MVP 描述，将功能聚焦在两种核心呼吸模式和可视化引导上，得到如下 MVP 描述。

MVP 描述：呼吸练习

1．典型用户画像
工作压力大、容易焦虑的都市上班族，希望通过简单的呼吸练习快速放松身心。

2．场景故事
午休时，用户感到焦虑难以集中，打开呼吸练习，选择 5 分钟"减压模式"，跟随动画节奏深呼吸，快速恢复平静。

3．功能列表（MVP 核心功能）

- **呼吸模式选择**（单选）：

    - 减压模式（4-7-8 呼吸法）

    - 专注模式（箱式呼吸法）

- **时长选择**（单选）：3 分钟　/　5 分钟　/　10 分钟

- **呼吸动画引导**：可视化图形（如圆圈缩放）同步呼吸节奏，开始倒计时播放呼吸模式对应的动画

- **结束提醒**：轻柔提示音+总结（如"完成 5 分钟减压呼吸"）

4．交互流程

1．**启动页**：App 名称+简短标语（"轻松呼吸，快速平静"）。

2．**模式选择页**：

- 两个呼吸模式按钮（减压/专注）→ 点击进入时长选择。

3．**时长选择页**：

- 3 个按钮（3/5/10 分钟）→ 点击直接开始练习。

4．**练习页**：

- 动画引导（吸气→屏气→呼气）+实时进度条。

5．**结束页**：

- 显示"完成!"+时长总结，自动返回模式选择页。

边界说明（不做的功能）：

- 用户账号系统。

- 复杂数据统计。

- 自定义呼吸节奏。

- 背景音乐选择。

3．动画实现方案

　　动画是呼吸练习应用的核心元素，它不仅要美观，更要能准确引导用户的呼吸节奏。就像一位无声的瑜伽教练，通过优雅的视觉引导帮助用户进入正确的呼吸状态。

在 DeepSeek 输入如下提示词，让它设计动画方案。

给出动画实现的方案，并用一句话分别描述 4-7-8 呼吸法和箱式呼吸法对应的动画变化

经过分析和优化，我们选择了如下动画方案。

采用 CSS 动画+requestAnimationFrame 控制

4-7-8 呼吸法动画：圆圈匀速放大 4 秒（吸气）→静止保持 7 秒（屏息）→匀速缩小 8 秒（呼气），循环至练习结束。

箱式呼吸法动画：圆圈匀速放大（吸气 4 秒）→保持静止（屏息 4 秒）→匀速缩小（呼气 4 秒）→保持静止（屏息 4 秒），形成稳定矩形节奏循环至练习结束。

4. 创建 MVP 的流程图

在 DeepSeek 里输入如下提示词。

使用 Mermaid 格式展示 MVP，输出仅包含核心功能和交互的 mermaid: flowchart TB

生成的 Mermaid 格式流程图，如图 4-3 所示。

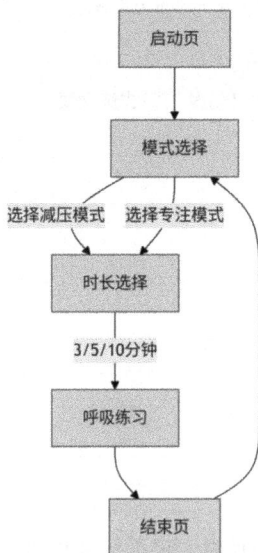

图 4-3　呼吸练习的交互流程

5. 使用 Lovable 创建应用

将 MVP 的"功能列表"部分、呼吸动画、音效和 Mermaid 流程图代码进行整合，得到如下提示词，并输入 Lovable。

根据如下描述帮我创建产品：呼吸练习（Breathly）。

功能列表（MVP 核心功能）
- **呼吸模式选择**（单选）：

  - 减压模式（4-7-8 呼吸法）

  - 专注模式（箱式呼吸法）

- **时长选择**（单选）：3 分钟 ／ 5 分钟 ／ 10 分钟

- **呼吸动画引导**：可视化图形（如圆圈缩放）同步呼吸节奏，开始倒计时播放呼吸模式对应的动画

- **结束提醒**：轻柔提示音+总结（如"完成 5 分钟减压呼吸"）

呼吸动画

1. 采用 CSS 动画+requestAnimationFrame 控制

2. 4-7-8 呼吸法动画：圆圈匀速放大 4 秒（吸气）→静止保持 7 秒（屏息）→匀速缩小 8 秒（呼气），循环至练习结束。

3. 箱式呼吸法动画：圆圈匀速放大（吸气 4 秒）→保持静止（屏息 4 秒）→匀速缩小（呼气 4 秒）→保持静止（屏息 4 秒），形成稳定矩形节奏循环至练习结束。

音效
采用纯代码 Web Audio API 生成音效，确保音效精确控制和低延迟

交互流程
flowchart TB

    A[启动页] --> B[模式选择]

    B -->|选择减压模式| C[时长选择]

    B -->|选择专注模式| C[时长选择]

    C -->|3/5/10 分钟| D[呼吸练习]

```
D --> E[结束页]
E --> B
```

借助于这些提示词生成的应用,如图 4-4 所示。

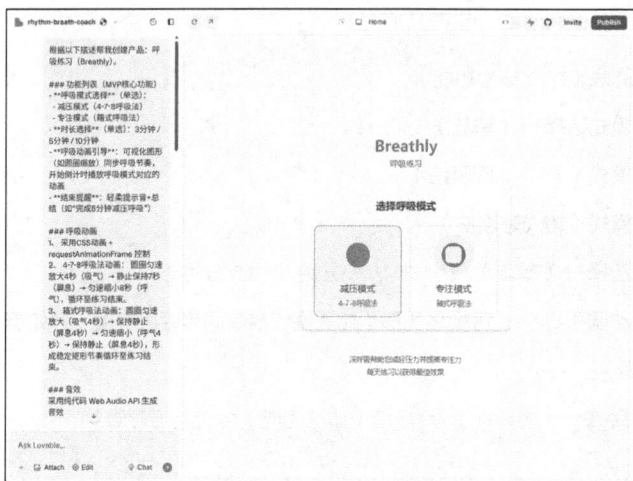

图 4-4 Lovable 生成的呼吸练习

在开发和使用呼吸练习助手的过程中,我们发现并解决了如下关键问题。

(1)动画 FPS 处理优化。

问题:若代码采用固定 60fps 更新呼吸计时器,会因显示器刷新率差异(60Hz、75Hz、144Hz 等)及实际帧率波动,导致动画卡顿或计时偏差。

解决方案:改用 requestAnimationFrame 提供的实际时间戳计算时间差,消除对固定帧率的依赖,确保动画在不同设备上平滑同步。

(2)动画播放精度提升。

问题:原实现忽略呼吸节奏的细节控制,未明确 4-7-8 呼吸法(吸气 4 秒—屏息 7 秒—呼气 8 秒)和箱式呼吸(吸气 4 秒—屏息 4 秒—呼气 4 秒—屏息 4 秒)的时间分配逻辑。

解决方案:补充动画实现细节规范,明确各呼吸阶段的持续时间、视觉变化(如圆形扩张、收缩)及状态切换逻辑。

(3)退出功能修复。

问题:点击退出按钮后无法返回首页。

解决方案：将此问题反馈至 Lovable 开发团队，修复退出功能的导航逻辑，确保用户操作生效。

6. 优化方向

这个呼吸练习助手的优化方向，主要包括如下 4 个。

- 智能引导功能。系统能根据用户心率动态调节引导节奏，同时学习用户的最佳放松时段，进而提供个性化的冥想建议。
- 情境模式。针对通勤、工作、休息等不同场景设计专属引导方案，并根据用户日程智能推荐练习时段，同时配备多种自然音效和白噪声。
- 健康监测功能。通过摄像头监测面部表情变化，记录练习前后的情绪状态数据，从而生成可视化健康分析报告及改善建议。
- 互动激励体系。不仅可自定义每日练习目标，还能建立成就徽章解锁机制，以及接入线上冥想课程学习平台。

4.2 时间管理大师：让 AI 成为你的时间管家

时间是最公平的资源，每个人每天都只有 24 小时，但为什么有人能在同样的时间里拿到更多结果？

这个问题困扰着当今社会的每一个人。我们每天都面临着各种时间管理的挑战：

- 有人想培养良好习惯，却总是半途而废；
- 有人想提高工作效率，却找不到自己的黄金时间；
- 有人想平衡工作与生活，却总是被各种任务压得喘不过气
- ……

本节将通过两个时间管理工具（习惯养成神器、个人能量周期计算器），展示如何运用 Vibe 编程的 "4 步创作法"，快速将时间管理需求转化为可用的工具。

4.2.1 习惯养成神器：21 天，从跟随到超越

"又一次半途而废了……" 小美看着已经布满灰尘的瑜伽垫，叹了口气。和很多

人一样，她总是充满热情地开始一个新习惯，却在坚持几天后悄然放弃。这不仅是她的困扰，也是当代年轻人的普遍问题——想要改变，却总是难以坚持。

借助于 Vibe 编程，我们只需要 30 分钟就能打造一个个性化的习惯养成助手。

1. 需求分析与场景构思

习惯养成失败的原因往往不是缺乏决心，而是缺少正确的方法和持续的激励。通过分析成功人士的习惯养成经验，我们可以提取出有效的模式，帮助普通人轻松实现自我提升。

打开 DeepSeek，输入如下提示词。

帮我设计一款**习惯养成神器**应用，需要清晰地定义其功能范围和应用场景，包括如下 4 个步骤。

- **用户画像分析**：明确目标用户的特征、痛点和需求。
- **场景故事描述**：用具体的场景描述产品如何解决用户问题。
- **功能边界确定**：定义产品能做什么，不能做什么。
- **交互流程设计**：规划用户使用产品的流程和交互方式。

采用 MVP 原则，实现包含最少功能的产品。

输出 MVP 描述。

1．典型用户画像：一句话描述。

2．场景故事：一句话描述。

3．功能：用列表描述（只描述明确要做的功能，不需要的功能不描述）。

4．交互流程：用列表描述。

---

2. 优化并确定 MVP 描述

通过分析和取舍，我们将产品精简为如下 3 个功能。

- 名人习惯模板：让用户有明确的目标和参照。
- 21 天打卡：科学的时间跨度，既不会太短导致效果不明显，也不会太长打击积极性。
- 成就反馈：通过即时反馈强化用户的行为动机。

复制 DeepSeek 输出的 MVP 描述，删除不必要的功能，得到如下 MVP 描述。

MVP 描述：习惯养成神器（21 天挑战版）

1. 典型用户画像
忙碌的职场新人或学生，希望培养习惯但缺乏自律和科学方法，需要简单、激励性的工具辅助坚持 21 天。

2. 场景故事
用户小 A 想每天早起读书但总是失败，通过该 App 选择「名人早起习惯模板」（如乔布斯 5:00 起床），加入 21 天挑战，每日打卡后获得进度反馈和名人名言激励，最终养成习惯。

3. 功能列表（MVP 核心功能）
- **习惯模板库**：提供 5-10 种名人习惯模板（如早起、运动、阅读），附带科学原理和名人故事。

- **21 天挑战**：用户选择模板后自动生成 21 天打卡任务，每日推送提醒。

- **极简打卡**：一键完成当日打卡，显示连续打卡天数和进度条。

- **成就反馈**：每日打卡后弹出名人名言激励；完成 21 天打卡颁发电子证书。

- **基础数据统计**：仅显示当前连续打卡天数、总完成率（无复杂图表）。

4. 交互流程
1. **启动页**：展示产品标语（如"21 天像名人一样自律"）。

2. **习惯选择页**：滑动浏览名人习惯模板，点击模板查看详情（名人故事+挑战规则）。

3. **挑战开启页**：点击"开始 21 天挑战"，设置每日提醒时间（默认 8:00）。

4. **主页**：
   - 显示当前习惯名称、连续打卡天数、进度条。

   - 中央按钮"今日打卡"（完成即变灰，显示名言弹窗）。

5. **成就页**：仅显示电子证书（21 天完成后解锁）。

边界说明（不做的功能）：
- 无社交功能（如分享/排行榜）。

- 无自定义习惯（仅限预设模板）。

- 无多习惯同时进行（单线程专注 1 个习惯）。

3. 创建 MVP 的流程图

继续在 DeepSeek 里输入如下提示词。

使用 Mermaid 格式展示 MVP，输出仅包含核心功能和交互的 mermaid: flowchart TB

生成的 Mermaid 格式流程图，如图 4-5 所示。

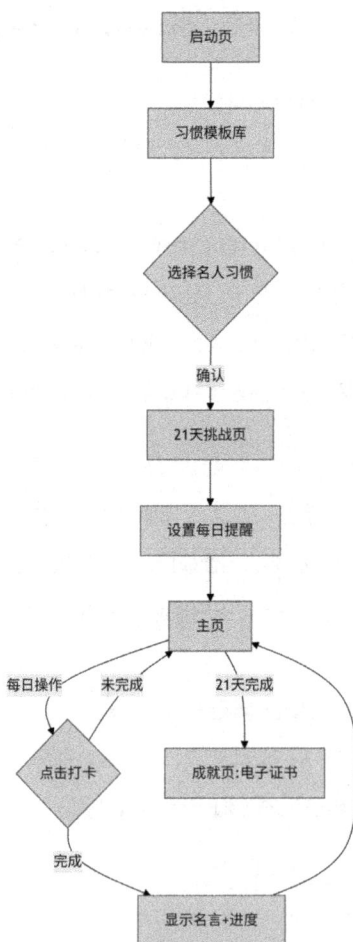

图 4-5　习惯养成神器的交互流程

4．使用 Lovable 创建应用

将 MVP 的"功能列表"部分和 Mermaid 流程图代码进行整合，得到如下提示词，并输入 Lovable。

根据如下描述帮我创建产品：习惯养成神器（21 天挑战版），21 天像名人一样自律。

功能列表（MVP 核心功能）
- **习惯模板库**：提供 5-10 种名人习惯模板（如早起、运动、阅读），附带科学原理和名人故事。
- **21 天挑战**：用户选择模板后自动生成 21 天打卡任务，每日推送提醒。
- **极简打卡**：一键完成当日打卡，显示连续打卡天数和进度条。
- **成就反馈**：每日打卡后弹出名人名言激励；完成 21 天打卡颁发电子证书。
- **基础数据统计**：仅显示当前连续打卡天数、总完成率（无复杂图表）。

交互流程：
```
flowchart TB
    A[启动页] --> B[习惯模板库]
    B --> C{选择名人习惯}
    C -->|确认| D[21 天挑战页]
    D --> E[设置每日提醒]
    E --> F[主页]
    F -->|每日操作| G{点击打卡}
    G -->|完成| H[显示名言+进度]
    H --> F
    G -->|未完成| F
    F -->|21 天完成| I[成就页:电子证书]
```

借助于这些提示词生成的应用，如图 4-6 所示。

图 4-6　Lovable 生成的习惯养成神器

在开发和使用习惯养成器的过程中，我们发现并解决了如下 3 个关键问题。

- 习惯模板选择引导不足：部分用户因不了解模板差异难以选择，系统增加智能推荐功能，按每日时间投入和难度偏好匹配起步模板（如 5 分钟快速呼吸模板）。

- 练习动力衰减：第 7～10 天易出现倦怠，系统增加激励机制，推送名人案例、生成进步图表并增加语音鼓励。

- 多页面导航缺失：页面跳转不便，可以继续追问 Lovable 开发导航栏，实现首页、记录、设置等页面的快捷跳转。

5. 优化方向

这个习惯养成神器的优化方向，主要包括如下 3 个。

- 企业团队建设场景：可定制新员工入职培训呼吸放松计划，设计团队协作式呼吸挑战活动（如每日午休同步练习打卡），并在职业技能学习模块中嵌入专注呼吸训练内容。

- 教育领域应用：在学生学习场景中结合番茄工作法设计专注呼吸模板，课外阅读时搭配进度提醒的呼吸放松机制，体育锻炼模块则开发运动前后的呼吸调节指导功能。

- 健康管理场景：建立睡前冥想与起床唤醒的呼吸闭环计划，关联健康食谱生成餐前正念呼吸引导，同时根据不同运动项目匹配对应的呼吸节奏训练方案。

这些场景都可以基于习惯养成神器进行定制化开发，帮助更多人实现自我提升和目标达成。

4.2.2　个人能量周期计算器：掌握你的黄金时间

"为什么昨天晚上写代码思路特别清晰，今天下午却总是犯困？"程序员小王经常困惑于自己工作效率的起伏。这不仅是他的困扰，也是许多人的共同问题——我们都希望找到自己的"黄金时间"，在精力最充沛的时候处理最重要的工作。

借助于 Vibe 编程，我们只需要 30 分钟就能开发出一个个人能量周期计算器。它能根据你的作息规律，精确预测每天的精力高峰和低谷，帮你实现精力管理的科学化和个性化。

1. 需求分析与场景构思

研究表明，人的精力并非均匀分布，而是呈现约 90 分钟的周期性波动。通过分析这种自然规律，可以帮助用户找到最适合处理不同任务的时间段。

打开 DeepSeek，输入如下提示词：

> 帮我设计一款**个人能量周期计算器**应用，需要清晰地定义其功能范围和应用场景，包括如下 4 个步骤。
>
> - **用户画像分析**：明确目标用户的特征、痛点和需求。
> - **场景故事描述**：用具体的场景描述产品如何解决用户问题。
> - **功能边界确定**：定义产品能做什么，不能做什么。
> - **交互流程设计**：规划用户使用产品的流程和交互方式。
>
> 采用 MVP 原则，实现包含最少功能的产品。
>
> 输出 MVP 描述。
>
> 1. 典型用户画像：一句话描述。
> 2. 场景故事：一句话描述。
> 3. 功能：用列表描述（只描述明确要做的功能，不需要的功能不描述）。
> 4. 交互流程：用列表描述。

2. 优化并确定 MVP 描述

通过分析和取舍，我们将产品精简为如下 4 个最核心的功能。

- 起床时间输入：作为计算起点的唯一必要参数。

- 周期自动计算：基于科学的 90 分钟生理节律。

- 可视化展示：直观呈现全天能量分布。

- 日历集成：方便用户安排重要任务。

复制 DeepSeek 输出的 MVP 描述，删除不必要的功能，得到如下 MVP 描述。

MVP 描述：个人能量周期计算器

1. 典型用户画像
忙碌的职场人士或自由职业者，希望科学安排高效工作时段，避免精力低谷期低效劳作。

2. 场景故事
一名远程办公的程序员通过输入日常起床时间，快速获得当天精力高峰和低谷预测，据此将核心编码任务安排在精力高峰时段，而在低谷时段处理邮件等低强度工作。

3. 功能列表（MVP 核心功能）
- **基础输入**：用户输入每日固定起床时间（唯一必需参数）。

- **自动计算**：基于 90 分钟生理节律周期（超昼夜节律），预测当天的高峰（精力充沛）、低谷（疲倦）和恢复期（平稳）。

- **可视化输出**：以时间轴形式展示当天预测结果（如柱状图或颜色标记时段）。

- **简单提醒**：允许用户点击高峰时段，快速添加到手机日历（调用系统日历接口）。

4. 交互流程
1. **启动页**：简洁表单，仅需输入起床时间（默认设为 7:00，可修改）。
2. **结果页**：
   - 自动显示时间轴图表（如：8:00-10:00[高峰] | 10:00-11:30[低谷]）。
   - 底部按钮「添加到日历」可跳转系统日历。
3. **结束**：无复杂设置，关闭页面即退出。

边界说明（不做的功能）

- 不追踪实际活动数据（如睡眠质量、运动记录）。

- 不支持多日预测或历史数据分析。

- 不提供个性化算法调整（如自定义周期长度）。

MVP 目标：**用最少输入（1 个参数）解决核心需求（时段预测）**，后续可迭代增加睡眠数据接入或自定义周期。

3. 创建 MVP 的流程图

继续在 DeepSeek 里输入如下提示词。

使用 Mermaid 格式展示 MVP，输出仅包含核心功能和交互的 mermaid: flowchart TB

生成的 Mermaid 格式流程图，如图 4-7 所示。

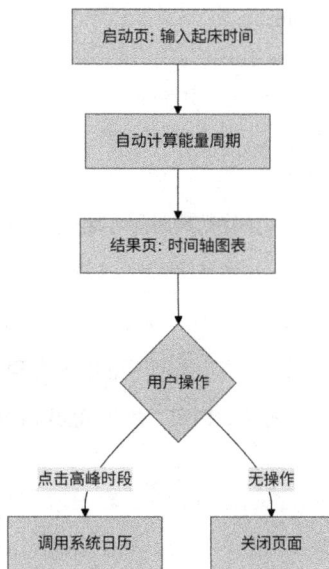

图 4-7　个人能量周期计算器的交互流程

4. 可视化输出方案

在 DeepSeek 输入如下提示词。

> 可视化输出：以时间轴形式展示当天预测结果（如柱状图或颜色标记时段）。
>
> ——
>
> 给我几种不同的 Web 网页实现方案

整理 DeepSeek 给出的提示词。

> 使用最简单的实现方案：纯 CSS+HTML，效果：用颜色区块标记不同时段。

5. 添加到谷歌日历

在 Web 应用中，采用纯前端实现，使用 Google Calendar API 的 URL scheme 生成日历事件。

6. 使用 Lovable 创建应用

将 MVP 的"功能列表"部分、添加到手机日历和 Mermaid 流程图代码进行整合，得到如下提示词，并输入 Lovable。

> 根据如下描述帮我创建产品：**个人能量周期计算器**。
>
> ### 功能列表（MVP 核心功能）
>
> - **基础输入**：用户输入每日固定起床时间（唯一必需参数）。
>
> - **自动计算**：基于 90 分钟生理节律周期（超昼夜节律），预测当天的高峰（精力充沛）、低谷（疲倦）和恢复期（平稳）。
>
> - **可视化输出**：纯 CSS+HTML 展示当天预测结果，效果：用颜色区块标记不同时段。
>
> - **简单提醒**：允许用户点击高峰时段，快速添加到手机日历（调用系统日历接口）。
>
> ### 添加到手机日历
>
> 在 Web 应用中，采用纯前端实现，使用 Google Calendar API 的 URL scheme 生成日历事件
>
> ### 交互流程
>
> flowchart TB
>
>   A[启动页：输入起床时间] --> B[自动计算能量周期]

```
B --> C[结果页：时间轴图表]

C --> D{用户操作}

D -->|点击高峰时段| E[调用系统日历]

D -->|无操作| F[关闭页面]
```

借助于这些提示词生成的应用，如图 4-8 所示。

图 4-8　Lovable 生成的个人能量周期计算器

在开发和使用个人能量周期计算器的过程中，我们发现并解决了如下 2 个关键问题。

- 个体差异适应：不同用户生理周期存在差异，系统新增反馈机制，允许用户标记预测准确度，持续优化个性化推荐模型。
- 时区切换适应：针对出差、旅行场景，支持临时时区调整功能，切换后自动重新计算能量周期并同步提醒设置。

7. 优化向方

个人能量周期计算器优化方向，主要包括如下 3 个。

- 职业发展规划：提供面试黄金时段推荐、技能学习与能量高峰时段匹配功能，支持生成周期性职业发展路线图。
- 创意工作优化：根据能量波动规律推荐写作灵感捕捉时段、设计创作黄金窗口及头脑风暴最佳时机。
- 生活品质提升：关联社交活动热度数据智能规划聚会时间，匹配兴趣培养与亲子互动的高能量时段。

这些场景都可以基于个人能量周期计算器进行定制化开发，帮助更多人实现科学的时间管理。

4.3 社交助手：让 AI 成为你的社交管家

在这个高度互联的时代，我们每天都面临着各种社交场景。但为什么有些人能轻松应对各种社交场合，而有些人却总是感到焦虑和不安？

我们每天都面临着如下一些社交挑战：

- 有人想送出一份暖心的礼物，却总是不知道该选什么；
- 有人想在社交场合表现得更自然，却总是找不到合适的话题；
- 有人想建立更深入的人际关系，却不知如何突破社交障碍；
- ……

本节将通过两个社交工具应用（送礼灵感生成器、社交话题生成器），介绍如何运用 Vibe 编程的"4 步创作法"，快速将社交需求转化为可用的工具。

4.3.1 送礼灵感生成器：让每一份礼物都送到心坎里

"又到同事生日了，该送什么礼物呢？"小美站在商场里，望着琳琅满目的商品发愁。这样的场景太常见了——浏览了各个网购平台、逛了好几家实体店，却总觉得找不到那份恰到好处的礼物。无论是亲朋好友的生日，还是节日送礼，选择一份既有心意又符合预算的礼物，总是让人伤透脑筋。

借助于 Vibe 编程，我们只需要 30 分钟就能完成一个送礼灵感生成器。通过清晰的提示词和简单的工具，任何人都能快速实现这个贴心的小助手，让送礼变得轻松愉快。

1. 需求分析与场景构思

通过分析发现，用户在选择礼物时主要面临 3 大困扰：预算控制、个性化匹配和创意灵感缺乏。

打开 DeepSeek，输入如下提示词。

帮我设计一款**送礼灵感生成器**，需要清晰地定义其功能范围和应用场景，包括如下 4 个步骤。

- **用户画像分析**：明确目标用户的特征、痛点和需求。
- **场景故事描述**：用具体的场景描述产品如何解决用户问题。
- **功能边界确定**：定义产品能做什么，不能做什么。
- **交互流程设计**：规划用户使用产品的流程和交互方式。

采用 MVP 原则，实现包含最少功能的产品。

输出 MVP 描述。

1. 典型用户画像：一句话描述。

2. 场景故事：一句话描述。

3. 功能：用列表描述（只描述明确要做的功能，不需要的功能不描述）。

4. 交互流程：用列表描述。

---

2. 优化并确定 MVP 描述

虽然礼物比价、购买链接、收藏夹等功能听起来很实用，但它们并不是解决用户核心痛点所必需的。用户最迫切的需求是根据收礼人的特征快速获得合适的礼物建议。

通过这样的分析和取舍，复制 DeepSeek 输出的 MVP 描述，删除不必要的功能，得到如下 MVP 描述。

MVP 描述：送礼灵感生成器

1．典型用户画像
经常为挑选礼物发愁的年轻人，预算有限但希望送出有心意的礼物。

2．场景故事
小王要参加好友生日聚会，但不知道送什么礼物，于是打开"送礼灵感生成器"，输入好友的性别、年龄和兴趣，快速获得 3 个符合预算的礼物推荐。

3．功能列表（仅核心功能）
- **基础信息输入**：用户可输入收礼人的性别、年龄、兴趣爱好（可选）。
- **预算设置**：用户可设定预算范围（如 50-200 元）。
- **礼物推荐**：系统基于输入信息生成 3 个礼物选项（不提供购买链接，仅推荐概念）。
- **重新生成**：用户可点击"换一批"获取新推荐。

4．交互流程
1. **用户打开网页**，看到简洁的输入界面。
2. **填写信息**：
    - 选择收礼人性别（男/女/不限）。
    - 输入年龄（或年龄段，如 20-30 岁）。
    - 可选填写兴趣关键词（如"运动""美妆"）。
    - 设置预算范围（滑动条或输入框）。
3. **点击"生成推荐"**，系统返回 3 个礼物建议（如"定制星座项链""复古游戏机"）。
4. 不满意可点击"换一批"重新生成。
5. **结束**：用户自行记录或截图推荐结果，退出页面。

边界说明（不做的功能）
- 不提供购买链接或比价功能。
- 不保存用户历史记录。
- 不涉及社交分享或用户账号系统。

3. 创建 MVP 的流程图

继续在 DeepSeek 里输入如下提示词。

使用 Mermaid 格式展示 MVP，输出仅包含核心功能和交互的 `mermaid: flowchart TB`

生成的 Mermaid 格式流程图，如图 4-9 所示。

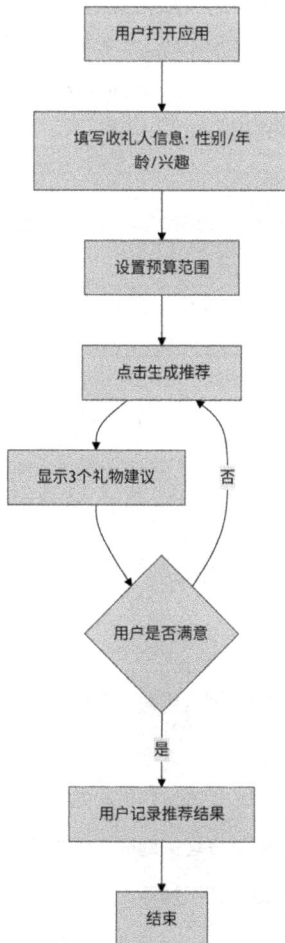

图 4-9 送礼灵感生成器的交互流程

4. 使用 Lovable 创建应用

将 MVP 的"功能列表"部分、礼物推荐功能和 Mermaid 流程图代码进行整合，得到如下提示词，并输入 Lovable。

根据如下描述帮我创建产品：送礼灵感生成器。

功能列表（MVP 核心功能）
- **基础信息输入**：用户可输入收礼人的性别、年龄、兴趣爱好（可选）。
- **预算设置**：用户可设定预算范围（如 50-200 元）。
- **礼物推荐**：系统基于输入信息生成 3 个礼物选项（不提供购买链接，仅推荐概念）。
- **重新生成**：用户可点击"换一批"获取新推荐。

礼物推荐功能
将用户输入的信息作为提示词，调用 LLM API，生成礼物推荐。其中 apiKey、apiUrl 和 model 需要提供设置的 UI：

```
const apiUrl='https://api.siliconflow.cn/v1/chat/completions';
const apiKey= '<token>';
const model="Qwen/Qwen3-8B";

const systemPrompt=`
```

角色：你是一个专业的礼物挑选助手，擅长根据用户提供的简单信息，给出符合预算、有创意且适合收礼人的礼物推荐。

任务：基于用户输入的 **性别、年龄、兴趣爱好、预算范围**，生成 **3 个礼物选项**，确保推荐：

1．**符合预算**（严格在用户设定的价格区间内）。

2．**贴合兴趣**（若用户提供了兴趣关键词，优先匹配）。

3．**多样化**（避免同类重复，如不推荐 3 个"杯子"）。

4．**简洁描述**（每个推荐用 **10 字以内** 概括，如"复古蓝牙音箱"）。

输出格式（严格遵循）：

1．[礼物 1 名称] - [简短特点，如"科技感"]

2．[礼物 2 名称] - [简短特点，如"手工定制"]

3．[礼物 3 名称] - [简短特点，如"小众文艺"]

限制规则：

- 不推荐具体品牌或商品链接。

- 不涉及医疗、宗教、政治等敏感领域。

- 若用户未提供兴趣，按年龄和性别默认推荐（如年轻人→"创意小物"，长辈→"实用礼品"）。

示例输入：

- 性别：女 ｜ 年龄：25 ｜ 兴趣：阅读、咖啡 ｜ 预算：100-200 元

示例输出：

1．定制书名咖啡杯 - 文艺暖心

2．迷你手冲咖啡套装 - 精致生活

3．复古皮质书签 - 优雅实用

```
`

const options = {

  method: 'POST',

  headers: {Authorization: `Bearer ${apiKey}`, 'Content-Type': '
application/json'},

  body: JSON.stringify({

        "model":model,

        "messages": [

          {

            "role":"system",

            "content":systemPrompt

          },

          {

            "role": "user",
```

```
                "content": "基于用户输入的性别、年龄、兴趣爱好、预算范围"
            }
        ],
        "stream": false,
        "max_tokens": 512,
        "enable_thinking": false
    })
};

fetch(apiUrl, options)
    .then(response => response.json())
    .then(response => console.log(response))
    .catch(err => console.error(err));
```

- API 返回结果需提取 choices[0].message.content 中的内容，并进行格式美化展示：

```
{
    "id": "<string>",
    "choices": [
        {
            "message": {
                "role": "assistant",
                "content": "<string>",
                "reasoning_content": "<string>",
                "tool_calls": [
                    {
                        "id": "<string>",
                        "type": "function",
                        "function": {
```

```
                "name": "<string>",
                "arguments": "<string>"
            }
        }
        ]
    },
    "finish_reason": "stop"
    }
]
}


### 交互流程
flowchart TB
    A[用户打开应用] --> B[填写收礼人信息：性别/年龄/兴趣]
    B --> C[设置预算范围]
    C --> D[点击生成推荐 ]
    D --> E[显示 3 个礼物建议]
    E --> F{用户是否满意}
    F -- 否 --> D
    F -- 是 --> G[用户记录推荐结果]
    G --> H[结束]
```

借助于这些提示词生成的应用，如图 4-10 所示。

在开发和使用送礼灵感生成器的过程中，我们发现并解决了如下 3 个关键问题。

- API 响应延迟：AI 生成建议速度较慢时，界面自动展示加载动画，并提供"灵感正在酝酿中"等提示。

- 建议质量不稳定：针对生成建议过于笼统的问题，优化提示词模板，增加收礼人职业、兴趣爱好等具体约束条件。

- 预算范围不准确：若推荐礼物价格超出预算，系统自动强化提示词中的预算限制权重，确保结果控制在设定范围内。

图 4-10 Lovable 生成的送礼灵感生成器

5. 优化方向

送礼灵感生成器的开发，让我们看到了 AI 如何改变传统的送礼方式。我们不仅要考虑礼物的实用性和价格，更要思考如何通过技术让送礼变得更有温度、更有创意送礼。灵感生成器的优化方向，主要包括如下 4 个。

- 个性化定制：基于用户画像数据（年龄、职业、消费习惯），生成更精准的礼物推荐（如为程序员推荐机械键盘、为教师推荐书籍订阅服务）。
- 情感分析：通过自然语言处理技术分析送礼场景的情感特征（如表白、感谢、道歉），匹配相应的礼物类型与表达方式。
- 文化考量：在跨文化场景中自动识别禁忌与偏好（如数字寓意、颜色象征），推荐符合收礼方文化背景的礼物选项。
- 可持续发展：建立环保礼物数据库，优先推荐可循环利用的商品。

4.3.2 社交话题生成：告别尬聊的万能话术

"又是一场社交活动，我该聊些什么呢？"小张站在会议室门口，有些焦虑。这是很多人都曾经历过的场景——无论是商务会谈、朋友聚会，还是相亲约会，找到合适的话题总是让人犯难。有时候明明准备了很多话题，但到了现场却又觉得不够自然；有时候好不容易开启了话题，却又不知道如何继续深入。

借助于 Vibe 编程，我们只需要 30 分钟就能完成一个智能的社交话题生成器。通过清晰的提示词和简单的工具，任何人都能快速实现这个得力的谈话助手，让社交变得轻松自如。

1. 需求分析与场景构思

在开始开发社交话题生成器之前，我们需要深入理解用户在社交场合中遇到的具体痛点。通过分析，我们发现用户在社交对话中主要面临 3 大困扰：话题匮乏、场景不当和对话难以持续。

打开 DeepSeek，输入如下提示词：

> 帮我设计一款**社交话题生成**应用，支持输入场景描述来生成或者直接选择模板，需要清晰地定义其功能范围和应用场景，包括如下 4 个步骤。
>
> - **用户画像分析**：明确目标用户的特征、痛点和需求。
> - **场景故事描述**：用具体的场景描述产品如何解决用户问题。
> - **功能边界确定**：定义产品能做什么，不能做什么。
> - **交互流程设计**：规划用户使用产品的流程和交互方式。
>
> 采用 MVP 原则，实现包含最少功能的产品。
>
> 输出 MVP 描述。
> 1．典型用户画像：一句话描述。
> 2．场景故事：一句话描述。
> 3．功能：用列表描述（只描述明确要做的功能，不需要的功能不描述）。
> 4．交互流程：用列表描述。

2. 优化并确定 MVP 描述

虽然语音识别、实时对话建议、社交圈管理等功能听起来很炫酷，但它们并不是解决用户核心痛点所必需的。用户最迫切的需求是根据具体场景快速获得合适的话题建议。通过这样的分析和取舍，我们可以将产品精简到最有价值的功能集合。

复制 DeepSeek 输出的 MVP 描述，删除不必要的功能，得到如下 MVP 描述：

MVP 描述：社交话题生成器

1．**典型用户画像**
社交场合中需要快速找到合适话题的年轻人，如内向者、初次见面者或社交活动组织者。

2．**场景故事**
在一次陌生人聚会上，用户打开应用输入"团队破冰"，应用生成"如果变成动物你会选什么？为什么？"等话题，帮助用户快速活跃气氛。

3．**功能列表（MVP 核心功能）**
- **场景输入生成话题**：用户输入场景关键词（如"约会""聚餐"），返回匹配的推荐话题列表。
- **模板选择生成话题**：提供预置分类模板（如"职场破冰""朋友聚会"），用户点击后直接生成话题。
- **话题收藏与复用**：用户可收藏高频使用的话题，支持从收藏夹快速选取。
- **极简交互界面**：单页设计，核心功能（输入/选择、生成、收藏）集中展示，无冗余操作。

4．**交互流程**
1．**启动页**：直接展示输入框（占位符："输入场景，如'相亲'"）和模板分类按钮（如"职场""聚会"）。
2．**生成话题**：
- 若用户输入文字，点击"生成"后显示 3-5 条话题结果；
- 若用户选择模板，直接跳转至结果页。
3．**结果页**：
- 每条话题附带"收藏"按钮；
- 底部提供"重新生成"选项。
4．**收藏夹入口**：首页右上角固定图标，点击可查看已收藏话题。

边界说明（不做的功能）：

- 不包含用户注册、社交分享、话题 UGC（用户生成内容）或算法推荐，仅解决"快速生成"核心需求。

3. 创建 MVP 的流程图

继续在 DeepSeek 里输入如下提示词。

使用 Mermaid 格式展示 MVP，输出仅包含核心功能和交互的 mermaid: flowchart TB

生成的 Mermaid 格式流程图，如图 4-11 所示。

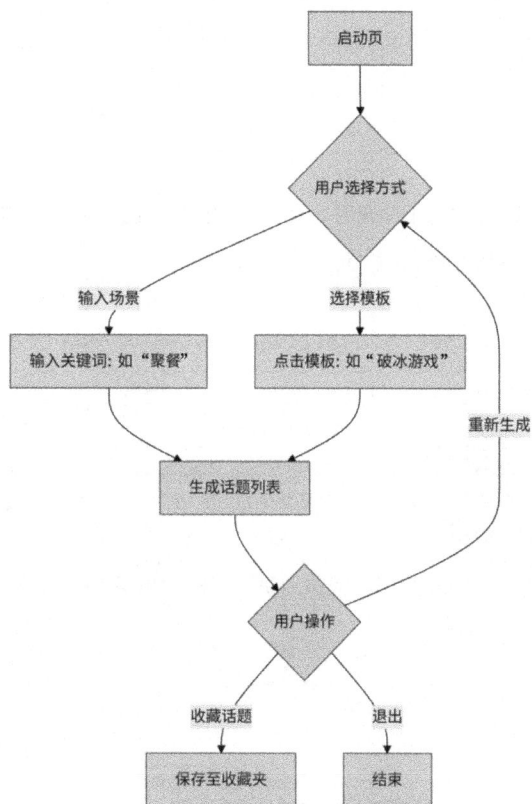

图 4-11　社交话题生成器流程图

4. 使用 Lovable 创建应用

将 MVP 的"功能列表"部分、生成话题功能和 Mermaid 流程图代码进行整合，得到如下提示词，并输入 Lovable。

根据如下描述帮我创建产品：社交话题生成器。

功能列表（MVP 核心功能）
- **场景输入生成话题**：用户输入场景关键词（如"约会""聚餐"），返回匹配的推荐话题列表。
- **模板选择生成话题**：提供预置分类模板（如"职场破冰""朋友聚会"），用户点击后直接生成话题。
- **话题收藏与复用**：用户可收藏高频使用的话题，支持从收藏夹快速选取。
- **极简交互界面**：单页设计，核心功能（输入/选择、生成、收藏）集中展示，无冗余操作。

生成话题功能
将用户输入的信息作为提示词，调用 LLM API，生成社交话题推荐列表。其中 apiKey、apiUrl 和 model 需要提供设置的 UI：

```
const apiUrl='https://api.siliconflow.cn/v1/chat/completions';
const apiKey= '<token>';
const model="Qwen/Qwen3-8B";


const systemPrompt=`
```
角色：你是一个专业的社交话题策划助手，擅长根据用户输入的场景或模板，生成有趣、自然、适合讨论的开放式问题。

任务规则：
1. **输入处理**：
   - 用户会提供**场景关键词**（如"相亲""团队破冰"）或选择**预置模板**（如"朋友聚会""职场社交"）。

- 若输入模糊（如"聊天"），需主动询问细化需求（示例回复："请补充场景细节，例如'聊天对象是同事还是陌生人？'"）。

2. **生成要求**：

- **数量**：每次生成 **3-5 个话题**，避免过多造成选择困难。

- **类型**：

- 开放式问题（如"如果你能穿越到过去，最想改变什么？"）。

- 避免敏感内容（政治、宗教、隐私等）。

- 符合场景氛围（例如"相亲"场景需兼顾轻松和深度）。

- **格式**：每条话题前加序号和表情符号（如"1. ✿ 你最近听过最有趣的冷知识是什么？"）。

3. **风格**：

- 语言简洁、口语化，避免冗长或学术化表达。

- 根据场景调整语气：

- 职场场景：中性专业（"你认为远程办公最大的挑战是什么？"）。

- 朋友聚会：轻松幽默（"如果变成零食，你希望是哪一种？为什么？"）。

4. **异常处理**：

- 若输入无关内容（如"天气预报"），回复："请输入社交场景关键词，或选择模板哦～"

输出示例（用户输入"团队破冰"）：

1. 🎉 如果你能拥有一种超能力，但只能用来做无聊的事，你会选什么？

2. 😐 工作中你最佩服的同事是谁？TA 有什么特质？

3. ⚫ 假如明天突然放假，你会怎么安排这"意外的一天"？

`

```
const options = {
  method: 'POST',
  headers: {Authorization: `Bearer ${apiKey}`, 'Content-Type': '
application/json'},
```

```
    body: JSON.stringify({
        "model":model,
        "messages": [
          {
            "role":"system",
            "content":systemPrompt
          },
          {
            "role": "user",
            "content" "用户会提供场景关键词等"
          }
        ],
        "stream": false,
        "max_tokens": 512,
        "enable_thinking": false
      })
  };

fetch(apiUrl, options)
  .then(response => response.json())
  .then(response => console.log(response))
  .catch(err => console.error(err));
```

- API 返回结果需提取 choices[0].message.content 中的内容，并进行格式美化展示：

```
{
  "id": "<string>",
  "choices": [
    {
      "message": {
```

```
      "role": "assistant",

      "content": "<string>",

      "reasoning_content": "<string>",

      "tool_calls": [

        {

          "id": "<string>",

          "type": "function",

          "function": {

            "name": "<string>",

            "arguments": "<string>"

          }

        }

      ]

    },

    "finish_reason": "stop"

  }

 ]

}
```

交互流程

```
flowchart TB

    A[启动页] --> B{用户选择方式}

    B --> |输入场景| C[输入关键词：如"聚餐"]

    B --> |选择模板| D[点击模板：如"破冰游戏"]

    C --> E[生成话题列表]

    D --> E

    E --> F{用户操作}

    F --> |收藏话题| G[保存至收藏夹]

    F --> |重新生成| B

    F --> |退出| H[结束]
```

借助于这些提示词生成的应用，如图 4-12 所示。

图 4-12   Lovable 生成的社交话题生成器

在开发和使用社交话题生成器的过程中，我们发现并解决了如下 3 个关键问题。

- 场景识别不准确：针对生成话题与场景不匹配的问题，系统优化场景标签体系，新增"商务晚宴""家庭聚会"等细分类目。
- 话题深度不足：针对表面化话题，在提示词中预置延展策略，自动生成递进式问题链。
- 文化差异处理：添加文化标签过滤机制，对涉及宗教禁忌、政治敏感等话题关键词进行智能拦截，支持自定义文化偏好。

5. 优化方向

我们不仅需要考虑话题的趣味性和时效性，更要思考如何通过技术让社交变得更有温度、更有深度。社交话题生成器的优化方向，主要包括如下 4 个。

- 情境感知：根据场合自动调整话题深度与风格。
- 个性化学习：记录偏好以推荐更契合的话题。
- 多维互动：结合非语言要素提供社交建议。
- 文化融合：跨文化场景中智能引导话题。

本章借助于 Vibe 编程，不仅创造了一个个实用的工具，更探索了科技与社交智慧的完美结合。

第 **5** 章

商业应用开发，小公司也能打造自己的商业系统

借助于 Vibe 编程，任何规模的公司或者超级个体都能制作适合自己的商业应用。

本章将从商业效率工具、数据可视化神器和营销工具箱这 3 个角度，介绍如何用 Vibe 编程的"4 步创作法"，实现适合的"秘密武器"。

5.1 商业效率工具：让 AI 成为你的专业助手

"时间就是金钱，效率就是生命。"这句话道出了商业世界的核心逻辑。在竞争激烈的商业世界中，每个企业和个人都面临着各种各样的效率挑战：

- 有人为报价单烦恼，手工计算费时又容易出错；
- 有人被合同审查困扰，没有专业法务团队支持；
- 有人在文档处理上耗费大量时间，却效果不尽如人意；
- ……

这些看似简单的问题，却深深影响着企业的运营效率和竞争力。本节将通过两个精心设计的商业工具（个性化报价单生成工具、合同审查助手），介绍如何快速将商业需求转化为可用的工具。

5.1.1 个性化报价单生成工具：成单率提高 30%的秘密武器

"这个方案的报价要多久能出来？"客户在电话那头急切地问道。小王看了看桌面上散落的产品价格表和各种服务选项，叹了口气。传统的报价方式不仅耗时，还容

易出错，更重要的是无法及时抓住客户的购买意向。在竞争激烈的商业环境中，一份专业、及时的报价单往往能成为促成交易的关键因素。

借助于 Vibe 编程，我们只需要 30 分钟就能完成一个个性化报价单生成工具。通过清晰的提示词和简单的工具，任何人都能快速实现这个实用的工具，让报价过程变得轻松高效。

1．需求分析与场景构思

对于个性化报价单生成工具这样的工具，用户最关心的是快速生成准确报价并提供相关增值服务推荐。

打开 DeepSeek，输入如下提示词。

帮我设计一款**个性化报价单生成工具**，需要清晰地定义其功能范围和应用场景，包括如下 4 个步骤。

- **用户画像分析**：明确目标用户的特征、痛点和需求。
- **场景故事描述**：用具体的场景描述产品如何解决用户问题。
- **功能边界确定**：定义产品能做什么，不能做什么。
- **交互流程设计**：规划用户使用产品的流程和交互方式。

采用 MVP，用最少的功能实现产品。

1 AI 功能：智能报价和增值服务推荐

2 创建的报价单由基础报价和增值服务构成

输出 MVP 描述。

1．典型用户画像：一句话描述。

2．场景故事：一句话描述。

3．功能：用列表描述（只描述明确要做的功能，不需要的功能不描述）。

4．交互流程：用列表描述。

2．优化并确定 MVP 描述

复制 DeepSeek 输出的 MVP 描述，删除不必要的功能，得到如下 MVP 描述。

MVP 描述：个性化报价单生成工具

1.**典型用户画像**
中小企业的销售代表或客户经理，需要快速生成专业、个性化的报价单，并希望通过增值服务推荐提升成交率。

2.**场景故事**
销售代表在与客户沟通需求后，输入基础信息（如产品、数量、折扣等），AI 自动生成基础报价并推荐相关增值服务（如安装、培训、延保等），最终导出 Word 文档发送给客户，节省手工制作时间并提升客户体验。

3.**功能列表（MVP 核心功能）**
- **智能报价生成**：根据用户输入（产品、数量、折扣等）自动计算基础报价。
- **增值服务推荐**：基于行业或历史数据，AI 推荐可能相关的增值服务（如安装、培训、维护包等）。
- **报价单预览与编辑**：支持用户调整基础报价和增值服务选项。
- **导出 Word 文档**：一键生成标准格式的 Word 报价单，支持企业品牌信息（如 Logo、联系方式）嵌入。

4.**交互流程**
1. **用户输入基础信息**：填写客户名称、产品、数量、折扣等必要字段。
2. **AI 生成报价与推荐**：系统自动计算总价并显示推荐的增值服务（可勾选）。
3. **用户调整确认**：修改基础报价或增减增值服务，实时更新总价。
4. **导出与分享**：点击"导出 Word"生成文档，手动发送给客户。

边界说明（不包含的功能）
- 不支持多级审批流程或客户电子签名。
- 不集成支付或合同管理系统（仅限报价单生成）。
- 不自动存储历史报价（需用户自行保存 Word 文档）。

此 MVP 聚焦核心痛点：**快速生成个性化报价+增值服务推荐**，以最小功能实现销售效率提升。

3. 创建 MVP 的流程图

继续在 DeepSeek 里输入如下提示词。

> 使用 Mermaid 格式展示 MVP，输出仅包含核心功能和交互的 mermaid: flowchart TB

生成的 Mermaid 格式流程图，如图 5-1 所示。

图 5-1 个性化报价单生成工具流程

4. 创建 Word 文档

为了让结果可以保存为.docx 格式的文档，我们需要提供技术方案的描述，如下是核心要点：

必需的外部库
- docx.js (v8.0.0)：用于生成 Word 文档

    <script src="https://unpkg.com/docx@8.0.0/build/index.js"></script>

- FileSaver.js (v2.0.5)：用于保存文件

    <script src="https://cdnjs.cloudflare.com/ajax/libs/FileSaver.js/2.0.5/FileSaver.min.js"></script>

关键方法实现
1. 生成 Word 文档
// 关键类型导入

```
const { Document, Packer, Paragraph, Table, TableRow, TableCell, WidthType, TextRun } = window.docx;

// 表格行数据结构
const tableRow = new TableRow({
    children: [
        new TableCell({
            children: [new Paragraph({ children: [new TextRun("产品名称")] })]
        }),
        new TableCell({
            children: [new Paragraph({ children: [new TextRun("数量")] })]
        })
    ]
});

// 创建文档
```

```javascript
const doc = new Document({
    sections: [{
        properties: {},
            children: [
                new Paragraph({
                    children: [new TextRun({ text: `标题 - ${title}`,
bold: true, size: 28 })]
                }),
                new Paragraph({
                    children: [new TextRun(`正文: ${text}`)]
                }),
                new Table({
                    rows: tableRows,
                    width:{size: 100, type: WidthType.PERCENTAGE}
                }),
                new Paragraph({
                    children: [new TextRun(`总计: ${(total+tax).
toFixed(2)}`)]
                })
            ]
        }]
});

// 文档生成和保存
Packer.toBlob(doc).then(blob => {
    saveAs(blob, "报价单.docx");
});
```

备注：以上技术方案的描述，是给 LLM 明确关键代码的写法和要求，以防止它随意生成代码导致错误。

5. 使用 Lovable 创建应用

将 MVP 的"功能列表"部分、智能报价生成和增值服务推荐、Mermaid 流程图代码进行整合，得到如下提示词，并输入 Lovable。

根据如下描述帮我创建产品：个性化报价单生成工具。

功能列表（MVP 核心功能）
- **智能报价生成**：根据用户输入（产品、数量、折扣等）自动计算基础报价。
- **增值服务推荐**：基于行业或历史数据，AI 推荐可能相关的增值服务（如安装、培训、维护包等）。
- **报价单预览与编辑**：支持用户调整基础报价和增值服务选项。
- **导出 Word 文档**：一键生成标准格式的 Word 报价单，支持企业品牌信息（如公司名称、联系方式）嵌入。

智能报价生成和增值服务推荐
将用户输入的信息作为提示词，调用 LLM API，生成报价和增值服务推荐。其中 apiKey、apiUrl 和 model 需要提供设置的 UI：

```
const apiUrl='https://api.siliconflow.cn/v1/chat/completions';
const apiKey= '<token>';
const model="Qwen/Qwen3-8B";

const systemPrompt=`
```
Role:你是一个专业的销售报价助手，根据用户输入的产品信息和客户需求，快速生成**基础报价**并智能推荐**高相关性的增值服务**。输出需简洁、结构化，便于直接转换为 Word 格式。

指令
1. **基础报价生成**
- 根据用户提供的 `产品名称`、`数量`、`单价`（或行业基准价），自动计算总价。

　　　　　　- 若用户未提供单价，回复时标注 *"需手动填写单价"*。

　　2．**增值服务推荐**（基于行业规则）

　　- 根据产品类型推荐 **3-4 项** 最相关的增值服务（如安装、培训、延保、定制开发），格式为：

　　　　　```

　　　　　- [增值服务名称] （+价格）

　　　　　　\*[推荐理由：1 句话说明相关性]\*

　　　　　```

　　- 示例：

　　　　　```

　　- 专业安装服务 （+$200）

　　　　　　\*推荐理由：该设备需专业人员调试，客户可节省时间成本\*

　　　　　```


　　3．**输出格式要求**

　　- 严格按如下 Markdown 结构生成，确保可被解析为 Word 文档：

　　　　　```markdown

　　　　　# 报价单 [客户名称]

　　　　　\*\*基础报价\*\*

　　　　　产品：[名称] x [数量] = [单价]→[总价]

　　　　　\*\*推荐增值服务\*\*

　　　　　[增值服务列表]

　　　　　\*\*总计\*\*：[基础报价+增值服务]

　　　　　```


限制说明（不包含的功能）
- 不主动生成虚构的单价（需用户输入或标注缺失）。
- 不推荐与产品无关的增值服务（如卖软件时推荐物流保险）。

- 若用户未提供客户行业/场景，使用通用推荐逻辑。

```
`

const options = {
  method: 'POST',
  headers: {Authorization: 'Bearer ${apiKey}', 'Content-Type':
'application/json'},
  body: JSON.stringify({
      "model":model,
      "messages": [
        {
          "role":"system",
          "content":systemPrompt
        },
        {
          "role": "user",
          "content": "客户信息和其他要求"
        }
      ],
      "stream": false,
      "max_tokens": 512,
      "enable_thinking": false
    })
  };

fetch(apiUrl, options)
  .then(response => response.json())
  .then(response => console.log(response))
```

```
      .catch(err => console.error(err));
```

- API 返回结果需提取 choices[0].message.content 中的内容，并进行格式美化展示：

```
{
  "id": "<string>",
  "choices": [
    {
      "message": {
        "role": "assistant",
        "content": "<string>",
        "reasoning_content": "<string>",
        "tool_calls": [
          {
            "id": "<string>",
            "type": "function",
            "function": {
              "name": "<string>",
              "arguments": "<string>"
            }
          }
        ]
      },
      "finish_reason": "stop"
    }
  ]
}
```

导出 Word 文档

必需的外部库

- docx.js (v8.0.0)：用于生成 Word 文档

  ```html
  <script src="https://unpkg.com/docx@8.0.0/build/index.js"></script>
  ```

- FileSaver.js (v2.0.5)：用于保存文件

  ```html
  <script src="https://cdnjs.cloudflare.com/ajax/libs/FileSaver.js/2.0.5/FileSaver.min.js"></script>
  ```

关键方法实现

- 需要考虑 Markdown 文本提炼成结构化的信息后导出为 Word 文档。

```javascript
// 关键类型导入
const { Document, Packer, Paragraph, Table, TableRow, TableCell, WidthType, TextRun } = window.docx;

// 表格行数据结构
const tableRow = new TableRow({
    children: [
        new TableCell({
            children: [new Paragraph({ children: [new TextRun("产品名称")] })]
        }),
        new TableCell({
            children: [new Paragraph({ children: [new TextRun("数量")] })]
        })
    ]
});

// 创建文档
```

```javascript
const doc = new Document({
    sections: [{
        properties: {},
        children: [
            new Paragraph({
                children: [new TextRun({ text: `标题 - ${title}`,
bold: true, size: 28 })]
            }),
            new Paragraph({
                children: [new TextRun(`正文: ${text}`)]
            }),
            new Table({
                rows: tableRows,
                width:{size: 100, type: WidthType.PERCENTAGE}
            }),
            new Paragraph({
                children: [new TextRun(`总计: ${(total+tax).
toFixed(2)}`)]
            })
        ]
    }]
});

// 文档生成和保存
Packer.toBlob(doc).then(blob => {
    saveAs(blob, "报价单.docx");
});

### 交互流程
```

```
flowchart TB
    A[用户输入基础信息\n 产品/数量/折扣] --> B(AI 生成基础报价)
    B --> C{推荐增值服务\n 安装/培训/延保}
    C --> D[用户调整选项]
    D --> E[导出 Word 文档]
    E --> F[发送给客户]
```

借助于这些提示词生成的应用，如图 5-2 所示。

图 5-2 Lovable 生成的个性化报价单生成工具

在生成个性化报价单生成工具后，我们发现还有些细节没处理到位，例如 Markdown 格式在导出为 Word 文档的时候，Word 文档里仍然暴露了部分 Markdown 格式的文本，我们可以继续追问 Lovable 让其修复，也可以采用更高级的 AI 编辑器 Cursor 进行修复。

使用 GitHub 和 Cursor 进行细节修复的工作流程如下。

（1）点击图 5-3 右上角的图标 ⌂，将代码同步到 GitHub。

（2）下载 GitHub Desktop，然后在 GitHub 页面点击 Code - Open with GitHub Desktop，如图 5-4 所示。

（3）使用 Cursor 打开项目，如图 5-5 所示。

图 5-3 将代码同步至 GitHub

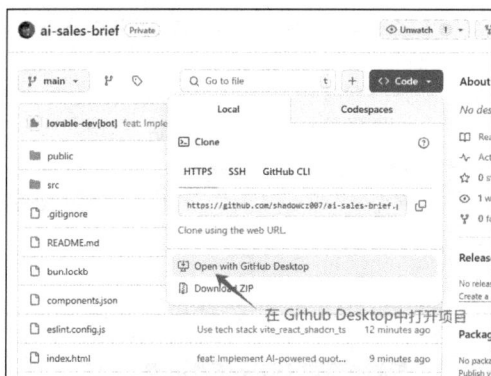

图 5-4 在 GitHub Desktop 中打开个性化报价单生成工具项目

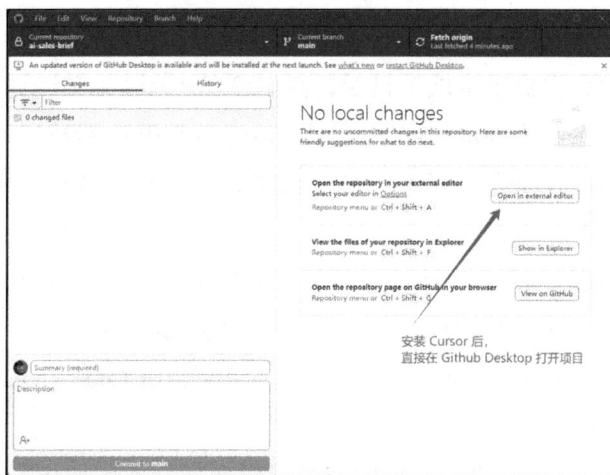

图 5-5 使用 Cursor 打开个性化报价单生成工具项目

（4）使用 Cursor 的 Ask 模式，编写提示词，定位问题，如图 5-6 所示。

图 5-6　使用 Cursor 定位个性化报价单生成工具问题

（5）阅读 Cursor 给出的修改建议，确定无误后，应用生效，如图 5-7 所示。

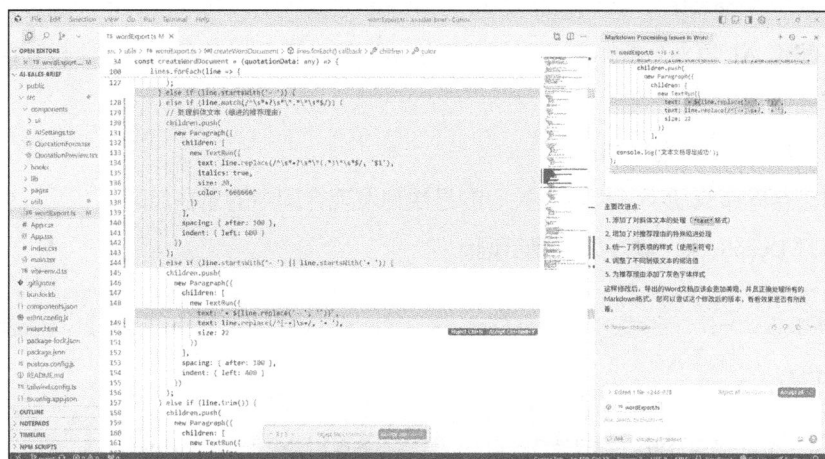

图 5-7　接受 Cursor 对个性化报价单生成工具的修改建议

（6）将代码提交到 GitHub 并再次刷新 Lovable。

如果按照这样的流程操作后还有问题，可以再操作一次进行修复调整。

6. 类似产品

在商业活动中，我们经常需要生成各种专业文档来支持业务开展。除了报价单生成器，还有许多类似的智能文档工具可以帮助我们提高工作效率。

如下是一些常见的智能文档生成工具。

- 商业计划书生成器：快速生成包含市场分析、财务预测等的专业商业计划书。

- 合同模板生成器：根据业务类型和条款要求，生成标准化的合同文本。
- 产品说明书生成器：自动生成包含功能说明、操作指南等的产品使用手册。
- 会议纪要生成器：通过语音识别和文本总结，快速生成规范的会议记录。
- 项目方案生成器：根据项目需求和目标，生成完整的项目实施方案。

5.1.2 合同审查助手：3 分钟搞定合同漏洞检测

"这份合同有什么问题吗？"刚收到客户发来的合作协议，小李就犯了难。作为一名自由职业者，她既没有法务团队的支持，也缺乏专业的法律知识。在当前竞争激烈的市场环境中，一份合同中的潜在风险往往会给个人或企业带来巨大的损失。

借助于 Vibe 编程，我们只需要 30 分钟就能完成一个合同审查助手。通过结合关键词匹配和 AI 语义分析，它可以帮我们快速发现合同中的潜在风险，让合同审查变得简单高效。

1. 需求分析与场景构思

对于合同审查助手，用户最关心的是快速发现合同中的潜在风险。

打开 DeepSeek，输入如下提示词。

帮我设计一款**合同审查助手**应用，需要清晰地定义其功能范围和应用场景，包括如下 4 个步骤。

- **用户画像分析**：明确目标用户的特征、痛点和需求。
- **场景故事描述**：用具体的场景描述产品如何解决用户问题。
- **功能边界确定**：定义产品能做什么，不能做什么。
- **交互流程设计**：规划用户使用产品的流程和交互方式。

采用 MVP，用最少的功能实现产品。

- 不需要提供报告导出功能。
- 输入为 Word 文档。
- 审查规则：关键词严格匹配、AI 语义审核。

借鉴符合产品定位的成熟软件的设计风格。

输出 MVP 描述。

1．典型用户画像：一句话描述。

2．场景故事：一句话描述。

3．功能：用列表描述（只描述明确要做的功能，不需要的功能不描述）。

4．交互流程：用列表描述。

5．设计风格：一句话描述

2．优化并确定 MVP 描述

一位经验丰富的法律顾问，要懂得抓住合同中最关键的风险点，让重要的信息足够突出。一个好的合同审查助手，不应该让用户迷失在繁杂的条款中，而是要像一份精心准备的法律意见书，让用户第一眼就能看到最需要关注的问题。

复制 DeepSeek 输出的 MVP 描述，删除不必要的功能，得到如下 MVP 描述。

MVP 描述：合同审查助手

1．典型用户画像
中小企业的法务人员、自由职业者或创业者，需要快速检查合同/协议中的潜在漏洞，但缺乏专业法律团队支持。

2．场景故事
一位自由职业者在签署客户提供的合同时，使用本工具快速扫描，发现隐藏的"单方面解约条款"和"模糊的责任界定"，及时与客户协商修改，避免后续纠纷。

3．功能列表（MVP 核心功能）
- **文件上传**：支持上传 Word 文档（.docx 格式）。

- **关键词匹配检测**：用户可自定义规则（如"任意解约""概不负责"等关键词），工具高亮显示匹配内容。

- **AI 语义审核**：自动识别潜在问题（如权利义务不对等、模糊表述、霸王条款等），并标记风险段落。

- **规则管理**：用户可保存、编辑常用审查规则（如"劳动协议模板规则""租房合同规则"）。

- **结果展示**：逐条列出问题项，标注类型（关键词/AI 检测）和风险等级（高/中/低）。

4. 交互流程

1. **上传文件**：拖曳或点击上传 Word 文档。

2. **选择规则**：从预设规则库选择或临时输入关键词。

3. **开始检测**：点击按钮运行审查。

4. **查看结果**：分栏显示原文（高亮问题）和问题列表，支持点击定位到具体段落。

5. **保存规则**（可选）：将本次使用的关键词或 AI 偏好保存为自定义规则。

5. 设计风格

参考**Grammarly**的极简风格：左侧文档预览（高亮风险点），右侧问题列表（分类+建议），配色以蓝白为主，突出警示色（红/黄）标记风险等级。

边界说明（不做的功能）：

- 不提供报告导出、多格式支持、法律建议生成或复杂自然语言交互，聚焦"检测-提示"核心流程。

3. Word 文档处理

在 DeepSeek 里输入如下提示词，来帮助我们研究合适的技术方案。

> Word 文档如何处理？请给我推荐适合的技术方案

经过多轮对话，我们确定采用 mammoth.js 的方案，完善如下提示词。

- 使用 https://cdn.jsdelivr.net/npm/mammoth@1.4.0/mammoth.browser.min.js
- mammoth.js：将 .docx 转 HTML，保留基础格式。按照选择的规则，对 HTML 进行检测。
- mammoth.convertToHtml({ arrayBuffer: file })

  .then(function(result) {

      document.getElementById("output").innerHTML = result.value;

  });

4．AI 语义审核

在 DeepSeek 输入如下提示词，来帮助我们创建合适的 System 提示词。

> 针对 AI 语义审核，帮我创建 system 提示词（最简单的），需要根据用户设定的规则或者常见的漏洞。

DeepSeek 给出的 AI 语义审核的 System 提示词如下。

```
**Role**:
你是一个专业的合同审查助手，专注于识别合同/协议中的潜在漏洞、模糊表述和不平等
条款。

**Task**:
根据用户提供的  **自定义规则**或**常见漏洞库**，逐条分析合同内容，标记如下问题：
1．**权利义务不对等**（如单方解约权、过度免责条款）。
2．**模糊表述**（如"合理期限""重大损失"等未量化定义）。
3．**隐性风险**（如自动续约、数据权限未明确）。
4．**用户自定义关键词匹配**（需严格关联用户输入的规则）。

**Output Format**:
对每个问题点，按如下格式返回：
- **风险类型**：[类型名称]。
- **位置**：[段落编号/引用句]。
- **风险等级**：高/中/低。
- **问题描述**：1～2 句简要解释风险。

**Rules**:
- 仅关注法律和逻辑漏洞，不涉及格式或语法问题。
- 避免主观推测，需直接引用合同原文作为依据。
- 若未发现明显问题，返回"未检测到高风险条款"。

**Example Output**:
```

- **风险类型**：单方解约权。

- **位置**：第 5 条"甲方可随时终止合同，无须赔偿"。

- **风险等级**：高。

- **问题描述**：条款未约定乙方解约权，可能导致利益失衡。

5. 创建 MVP 的流程图

继续在 DeepSeek 里输入如下提示词。

使用 Mermaid 格式展示 MVP，输出仅包含核心功能和交互的 mermaid: flowchart TB

生成的 Mermaid 格式流程图，如图 5-8 所示。

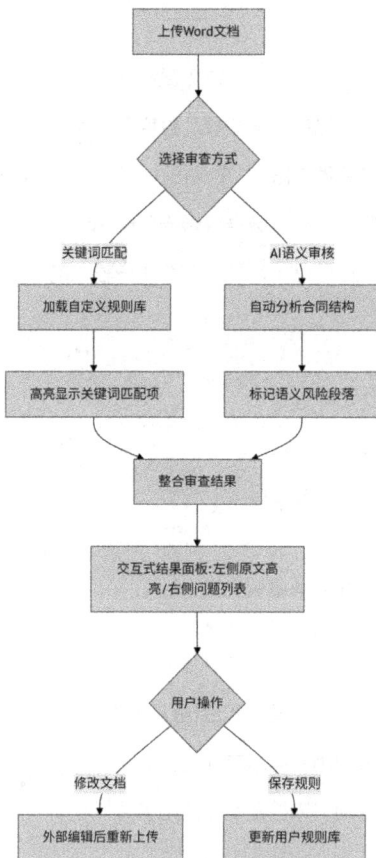

图 5-8 合同审查助手流程图

6. 使用 Lovable 创建应用

将 MVP 的"功能列表"部分、Word 文档处理、AI 语义审核和 Mermaid 流程图代码和设计风格进行整合，得到如下提示词，并输入 Lovable。

根据如下描述帮我创建产品：合同审查助手。

功能列表（MVP 核心功能）

- **文件上传**：支持上传 Word 文档（.docx 格式）。

- **关键词匹配检测**：用户可自定义规则（如"任意解约""概不负责"等关键词），工具高亮显示匹配内容。

- **AI 语义审核**：自动识别潜在问题（如权利义务不对等、模糊表述、霸王条款等），并标记风险段落。

- **规则管理**：用户可保存、编辑常用审查规则（如"劳动协议模板规则""租房合同规则"）。

- **结果展示**：逐条列出问题项，标注类型（关键词/AI 检测）和风险等级（高/中/低）。

Word 文档处理

- 使用 https://cdn.jsdelivr.net/npm/mammoth@1.4.0/mammoth.browser.min.js
- mammoth.js：将.docx 转 HTML，保留基础格式。按照选择的规则，对 HTML 进行检测。
- mammoth.convertToHtml({ arrayBuffer: file })

  .then(function(result) {

       document.getElementById("output").innerHTML = result.value;

  });

AI 语义审核

将 HTML 和审核规则作为提示词，调用 LLM API，生成审核结果。其中 apiKey、apiUrl 和 model 需要提供设置的 UI：

const apiUrl='https://api.siliconflow.cn/v1/chat/completions';

const apiKey= '<token>';

const model="Qwen/Qwen3-8B";

```
const systemPrompt=`
**Role**:
你是一个专业的合同审查助手，专注于识别合同/协议中的潜在漏洞、模糊表述和不平等
条款。

**Task**:
根据用户提供的**自定义规则**或**常见漏洞库**，逐条分析合同内容，标记如下问题：
1．**权利义务不对等**（如单方解约权、过度免责条款）。
2．**模糊表述**（如"合理期限""重大损失"等未量化定义）。
3．**隐性风险**（如自动续约、数据权限未明确）。
4．**用户自定义关键词匹配**（需严格关联用户输入的规则）。

**Output Format**:
对每个问题点，按如下格式返回：
- **风险类型**：[类型名称]。
- **位置**：[段落编号/引用句]。
- **风险等级**：高/中/低。
- **问题描述**：1～2 句简要解释风险。

**Rules**:
- 仅关注法律和逻辑漏洞，不涉及格式或语法问题。
- 避免主观推测，需直接引用合同原文作为依据。
- 若未发现明显问题，返回"未检测到高风险条款"。
`
const options = {
  method: 'POST',
  headers: {Authorization: `Bearer ${apiKey}`, 'Content-Type': '
application/json'},
  body: JSON.stringify({
```

```
            "model":model,
            "messages": [
              {
                "role":"system",
                "content":systemPrompt
              },
              {
                "role": "user",
                "content": "合同和审核规则等"
              }
            ],
            "stream": false,
            "max_tokens": 512,
            "enable_thinking": false
        })
    };

fetch(apiUrl, options)
    .then(response => response.json())
    .then(response => console.log(response))
    .catch(err => console.error(err));
```

- API 返回结果需提取 choices[0].message.content 中的内容，并进行美化：

```
{
    "id": "<string>",
    "choices": [
      {
        "message": {
```

```
        "role": "assistant",
        "content": "<string>",
        "reasoning_content": "<string>",
        "tool_calls": [
          {
            "id": "<string>",
            "type": "function",
            "function": {
              "name": "<string>",
              "arguments": "<string>"
            }
          }
        ]
      },
      "finish_reason": "stop"
    }
  ]
}
```

交互流程
flowchart TB

    A[上传 Word 文档] --> B{选择审查方式}

    B -->|关键词匹配| C[加载自定义规则库]

    B -->|AI 语义审核| D[自动分析合同结构]

    C --> E[高亮显示关键词匹配项]

    D --> F[标记语义风险段落]

    E --> G[整合审查结果]

    F --> G

    G --> H[交互式结果面板：左侧原文高亮/右侧问题列表]

```
    H --> I{用户操作}

    I -->|修改文档| J[外部编辑后重新上传]

    I -->|保存规则| K[更新用户规则库]

## 设计风格

参考**Grammarly**的极简风格：左侧文档预览（高亮风险点），右侧问题列表（分类+
建议），配色以蓝白为主，突出警示色（红/黄）标记风险等级。
```

借助于这些提示词生成的应用，如图 5-9 所示。

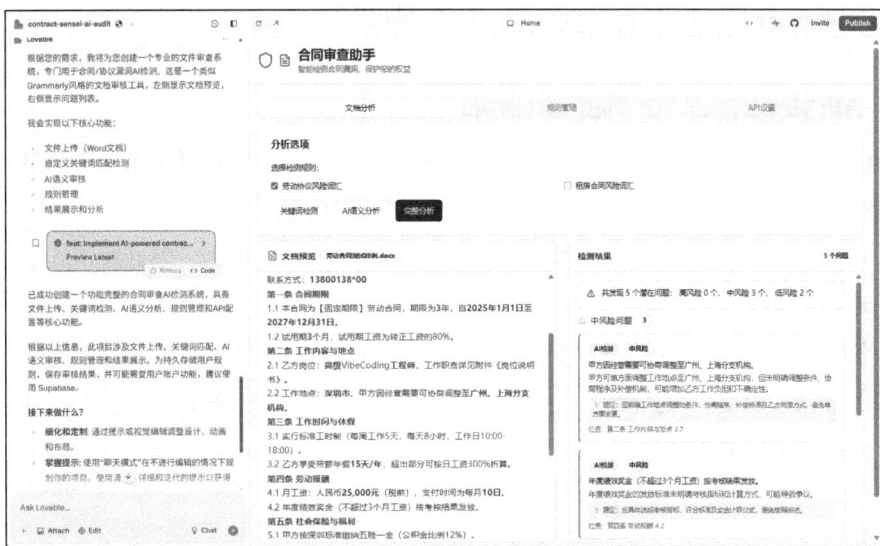

图 5-9　Lovable 生成的合同审查助手

在使用合同审查助手的过程中，用户可能会遇到如下 4 个问题。

（1）文档格式兼容性问题。若上传 Word 文档出现格式不兼容或乱码，建议将文档保存为 Office 2007 及以上版本的.docx 格式，避免使用复杂排版和特殊字体。

（2）审查规则定制问题。当预设审查规则无法满足特定行业或场景需求时，可通过系统提供的行业规则模板库进行个性化调整，并保存为专属规则集。

（3）AI 审核准确性问题。针对 AI 可能出现的风险点漏检或误报问题，系统采用关键词匹配与 AI 语义分析双重检查机制，支持用户标记误报、漏报内容优化模型，同时提供人工复核建议功能。

（4）大型文档处理处理问题。在处理超过 100 页的大型合同文档时，系统会采用分段处理策略并优先审查重点章节，并显示实时处理进度以提升操作体验。

7. 类似产品

在文档智能化处理领域，除合同审查工具外，还有如下创新产品正在改变传统工作方式。

（1）智能文档比对工具：能自动识别文档差异，高亮显示修改内容并生成修订记录，适用于合同版本对比、法规文件更新检查及文档修订管理。

（2）文档摘要生成器：可提取文档关键信息并生成结构化摘要，支持多语言转换，适用于会议纪要整理、研究报告总结及新闻稿件提炼。

（3）智能文档分类系统：能自动识别文档类型、提取关键信息并进行智能标签管理，适用于档案自动分类、邮件智能归档及知识库管理。

（4）文档合规检查工具：可检查格式规范、验证引用准确性并识别保密信息，适用于标书审核、学术论文检查及商业报告审核。

这些工具采用了类似的技术架构，结合规则引擎和 AI 能力，但针对不同的应用场景进行了优化。

值得注意的是，这些工具并不是要完全替代人工审核，而是作为辅助工具，提高效率、降低失误率。在实际应用中，我们应该根据具体需求选择合适的工具，并结合人工判断来给出最终结果。

5.2　数据可视化神器：让数据讲述动人故事

数据是这个时代的石油，而可视化就是将石油提炼成能量的过程。在这个数据爆炸的时代，如下数据处理挑战正在影响着很多企业和个人的决策效率和竞争力。

- 被繁杂的销售数据困扰，难以快速洞察业绩趋势；
- 被海量的用户评论淹没，无法及时发现问题所在；
- 被复杂的数据分析工具吓退，觉得这是数据专家的专属领域；
- ……

本节将通过两个精心设计的数据可视化工具（销售业绩看板、用户行为分析），介绍如何使用 Vibe 编程快速实现一个足以改变决策方式的数据可视化神器。

5.2.1 销售业绩看板：设计让老板一眼就看懂的图表

"又到月底了，这些销售数据要怎么整理？"小王看着眼前堆积如山的 Excel 表格，一筹莫展。作为一名销售经理，他每个月都要花费大量时间来整理团队的业绩数据，制作各种图表，然后向老板汇报。

这样的场景在众多企业中屡见不鲜——复制数据、制作图表、调整格式，等到准备完成时，新的数据又产生了。这种重复且耗时的工作，让我们意识到一个智能的销售业绩看板是多么重要。

借助于 Vibe 编程，我们只需要 1 小时就能完成一个专业的销售业绩看板。通过清晰的提示词和简单的工具，任何人都能快速实现这样实用的数据分析工具。

1. 需求分析与场景构思

对于销售业绩看板，用户最关心的是快速、直观地了解销售数据。

打开 DeepSeek，输入如下提示词。

帮我设计一款 **销售业绩看板**，需要清晰地定义其功能范围和应用场景，包括如下 4 个步骤。

- **用户画像分析**：明确目标用户的特征、痛点和需求。

- **场景故事描述**：用具体的场景描述产品如何解决用户问题。

- **功能边界确定**：定义产品能做什么，不能做什么。

- **交互流程设计**：规划用户使用产品的流程和交互方式。

采用 MVP，用最少的功能实现产品。

- 上传 Excel 表格。

- AI 自动分析整理数据。

- 可视化图表。

借鉴符合产品定位的国外成熟软件的设计风格。

输出 MVP 描述。

1. 典型用户画像：一句话描述。

2. 场景故事：一句话描述。

3. 功能：用列表描述（只描述明确要做的功能，不需要的功能不描述）。

4. 交互流程：用列表描述。

5 设计风格：一句话描述

2. 优化并确定 MVP 的提示词

对于销售业绩看板，虽然实时数据库连接、多维度交叉分析等功能听起来很吸引人，但它们并不是解决用户核心痛点所必需的。用户最迫切的需求是快速、直观地了解销售团队的业绩情况。

通过这样的分析和取舍，复制 DeepSeek 输出的 MVP 描述，删除不必要的功能，得到如下 MVP 描述。

MVP 描述：销售业绩看板

1. 典型用户画像
中小企业的销售经理，需要快速了解团队业绩但缺乏数据分析工具或技术能力。

2. 场景故事
销售经理每月手动整理 Excel 销售数据耗时费力，通过上传表格自动生成可视化图表，5 分钟内快速发现关键趋势（如 TOP 销售、区域对比、达标率）。

3. 功能列表（MVP 核心功能）
- **上传 Excel**：支持标准格式（如销售日期、人员、金额、产品类别）。
- **AI 自动分析**：
  - 识别关键字段（自动匹配“销售额”“客户名”等列）。
  - 基础分析（环比、同比、达标率、排名）。
- **可视化图表**：

- 预设图表：月度趋势折线图、销售排名柱状图、区域分布地图。

- 图表可调整（时间范围、筛选人员/产品）。

- **一键导出**：图表支持 PNG/PDF 格式。

4. 交互流程

1. **上传数据**：拖拽或点击上传 Excel 文件。

2. **自动处理**：进度条显示"分析中"，完成后提示"分析完成"。

3. **图表展示**：默认展示核心图表，侧边栏可筛选数据维度。

4. **导出分享**：点击"导出"选择格式，生成文件下载。

5. 设计风格

类似 Pipedrive 的简洁风格：白底蓝绿色系主色调、卡片式图表布局、最小化操作按钮。

MVP 原则：

- 不做：自定义图表类型、多数据源整合、实时数据库连接。

- 聚焦：从 Excel 到洞察的**最短路径**，解决"手动分析慢"的痛点。

3. Excel 文件处理

在销售业绩看板中，Excel 文件的处理是核心功能之一。我们需要一个既稳定又易用的解决方案，能够准确读取各种格式的 Excel 文件。经研究，我们选择使用 SheetJS 来读写 Excel 文件，因为它不仅性能好，而且完全在浏览器端处理数据，保证了数据安全性。

确定使用 SheetJS 方案后，在 DeepSeek 中输入如下提示词来验证其可用性。

```
创建一个用于测试的最简单的 Web 页面（不需要样式）给我，根据如下信息：
<script src="https://cdn.jsdelivr.net/npm/xlsx@0.18.5/dist/xlsx.
full.min.js"></script>
function handleFile(e) {
  const file = e.target.files[0];
```

```javascript
const reader = new FileReader();

reader.onload = function(e) {

  const data = new Uint8Array(e.target.result);

  const workbook = XLSX.read(data, { type: 'array' });

  const firstSheet = workbook.Sheets[workbook.SheetNames[0]];

  const jsonData = XLSX.utils.sheet_to_json(firstSheet);// 转换为JSON

  console.log(jsonData); // 输出解析后的数据

};

  reader.readAsArrayBuffer(file);

}
```

测试结果如图 5-10 所示。

把需要测试的代码输入 AI 工具（如 DeepSeek），让它生成一个用于测试的最简单的 Web 页面。如果这个 Web 页面能正常运行，那这段代码就是可用的。整个过程只需要 30 秒，却能让你完成代码的可用性测试。

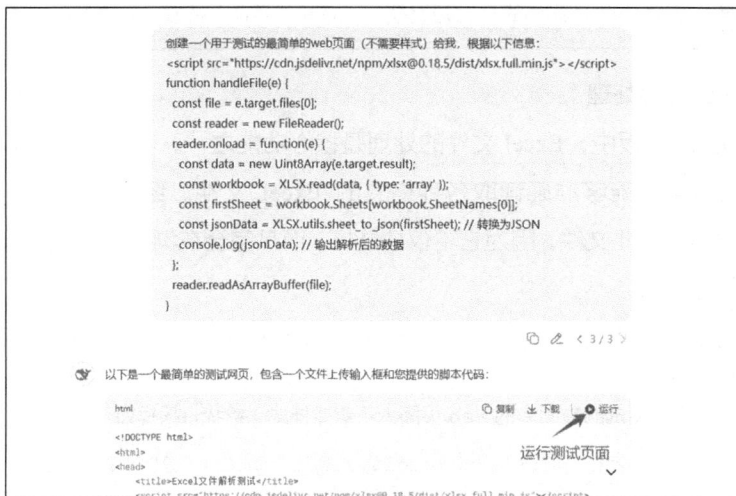

（a）

图 5-10　Excel 文件读取功能测试结果

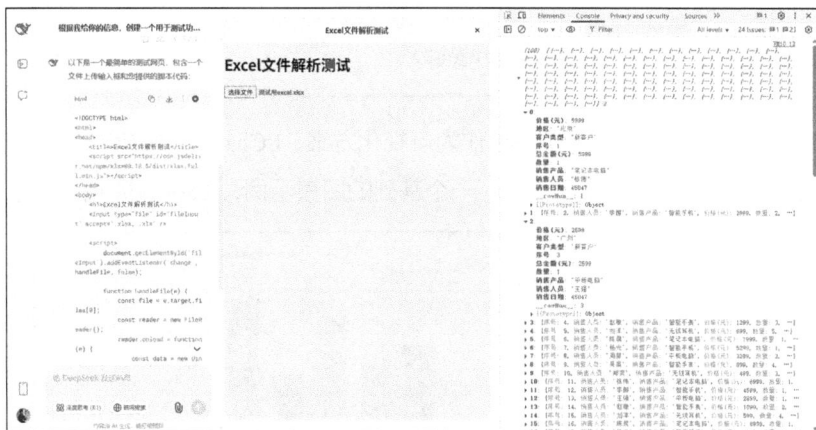

（b）

图 5-10 Excel 文件读取功能测试结果（续）

另外，还可以让 DeepSeek 创建用于测试的 Excel 文件。在 DeepSeek 里输入如下提示词。

> 创建一个公司团队的销售业绩 CSV 文件，需要包括人员、销售产品、价格、时间、一个月的数据情况，要求至少生成 100 条数据。

CSV（Comma-Separated Values，逗号分隔值）文件，以最基础的文本形式记录表格数据，每行代表一条记录，各字段之间用逗号（或其他分隔符）分隔（如"张三，销售部,13800138000"）。相比之下，.xlsx 文件是一种二进制格式，包含了大量复杂的格式信息、公式、宏等内容，LLM 无法直接生成这种复杂的二进制格式。

在实际操作中，建议按照如下步骤使用 LLM 生成数据：

- 使用 LLM 生成 CSV 格式的数据；
- 将内容保存为.csv 文件；
- 使用 Excel 打开这个.csv 文件；
- 根据需要调整格式后另存为.xlsx 格式。

4. 可视化图表

一个好的图表不仅能直观展示数据，还能帮助用户快速发现趋势和洞察。在进行技术选型时，我们需要考虑图表库的功能完整性、使用便捷性和定制灵活性。

在 DeepSeek 里输入如下提示词，来选择合适的可视化方案。

可视化图表，采用什么纯前端方案比较好？

经过对比，我们选择了 ECharts 作为可视化方案。ECharts 不仅功能强大，而且有完善的中文文档和活跃的社区支持。一个基础的图表示例，如图 5-11 所示。

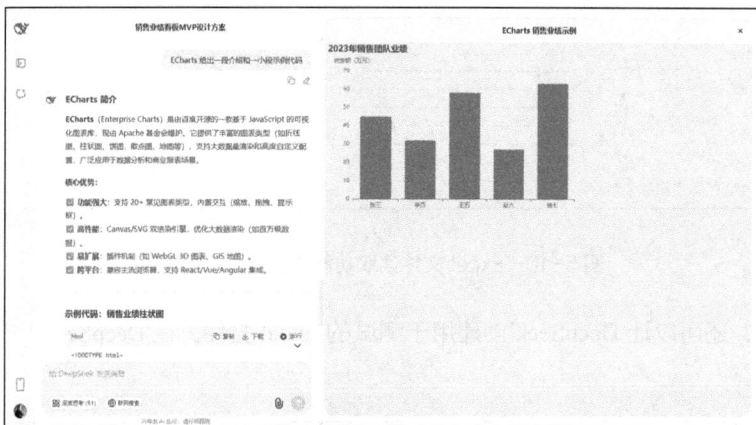

图 5-11　销售业绩可视化图表示例

整理后的可视化图表的技术方案提示词，如下。

```
<script src="https://cdn.jsdelivr.net/npm/echarts@5.4.3/dist/
echarts.min.js"></script>

// 初始化图表
const chart = echarts.init(document.getElementById('sales-chart'));

// 配置项（数据+样式）
const option = {
    title: { text: '2023 年销售团队业绩' },
    tooltip: { trigger: 'axis' },
    xAxis: {

      type: 'category',
      data: ['张三','李四','王五','赵六','钱七']
```

```
    },
    yAxis: { type: 'value', name:'销售额（万元）'},
    series: [{
        name:'季度销售额',
        type: 'bar',
        data: [45, 32, 58, 27, 63],
        itemStyle: { color: '#3398DB' }   // 自定义柱状颜色
    }]
};

// 应用配置 chart.setOption(option);
```

5. 创建 MVP 的流程图

在 DeepSeek 中输入如下提示词。

> 使用 Mermaid 格式展示 MVP，输出仅包含核心功能和交互的 mermaid: flowchart TB

生成的 Mermaid 格式流程图，如图 5-12 所示。

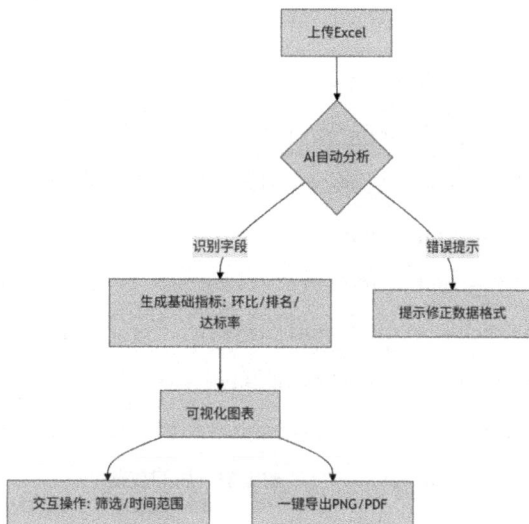

图 5-12　销售业绩看板的交互流程

6. 使用 Lovable 创建应用

将 MVP 的"功能列表"部分、Excel 文件读取、AI 自动分析、Mermaid 流程图代码和设计风格进行整合，得到如下提示词，并输入 Lovable。

根据如下描述帮我创建产品：销售业绩看板。

功能列表（MVP 核心功能）

- **上传 Excel**：支持标准格式（如销售日期、人员、金额、产品类别）。
- **AI 自动分析**：
  - 识别关键字段（自动匹配"销售额""客户名"等列）。
  - 基础分析（环比、同比、达标率、排名）。
- **可视化图表**：
  - 预设图表：月度趋势折线图、销售排名柱状图、区域分布地图。
  - 图表可调整（时间范围、筛选人员/产品）。
- **一键导出**：图表支持 PNG/PDF 格式。

Excel 文件读取
```
<script src="https://cdn.jsdelivr.net/npm/xlsx@0.18.5/dist/xlsx.
full.min.js"></script>

function handleFile(e) {
  const file = e.target.files[0];
  const reader = new FileReader();
  reader.onload = function(e) {
    const data = new Uint8Array(e.target.result);
    const workbook = XLSX.read(data, { type: 'array' });
    const firstSheet = workbook.Sheets[workbook.SheetNames[0]];
    const jsonData = XLSX.utils.sheet_to_json(firstSheet);// 转换为 JSON
    console.log(jsonData); // 输出解析后的数据
  };
```

```
    reader.readAsArrayBuffer(file);

}

## 可视化图表

<script src="https://cdn.jsdelivr.net/npm/echarts@5.4.3/dist/
echarts.min.js"></script>

// 初始化图表

const chart = echarts.init(document.getElementById('sales-chart'));

// 配置项（数据+样式）

const option = {

        title: { text:'2023 年销售团队业绩'},

        tooltip: { trigger: 'axis' },

        xAxis: {

          type: 'category',

          data: ['张三','李四','王五','赵六','钱七']

        },

        yAxis: { type: 'value', name:'销售额（万元）'},

        series: [{

          name:'季度销售额',

          type: 'bar',

          data: [45, 32, 58, 27, 63],

          itemStyle: { color: '#3398DB' }   // 自定义柱状颜色

        }]

    };

// 应用配置

chart.setOption(option);
```

AI 自动分析

将需要处理的表格信息作为提示词，调用 LLM API，生成分析结果。其中 apiKey、apiUrl、model 和 systemPrompt 需要提供设置的 UI：

```
const apiUrl='https://api.siliconflow.cn/v1/chat/completions';
const apiKey= '<token>';
const model="Qwen/Qwen3-8B";
const systemPrompt=`xxx`;

const options = {
  method: 'POST',
  headers: {Authorization: `Bearer ${apiKey}`, 'Content-Type':
'application/json'},
  body: JSON.stringify({
        "model":model,
        "messages": [
          {
            "role":"system",
            "content":systemPrompt
          },
          {
            "role": "user",
            "content":"基础分析（环比、同比、达标率、排名）"
          }
        ],
        "stream": false,
        "max_tokens": 512,
        "enable_thinking": false
    })
```

```
    };

fetch(apiUrl, options)
    .then(response => response.json())
    .then(response => console.log(response))
    .catch(err => console.error(err));
```

- API 返回结果需提取 choices[0].message.content 中的内容，并进行格式美化
展示：

```
{
  "id": "<string>",
  "choices": [
    {
      "message": {
        "role": "assistant",
        "content": "<string>",
        "reasoning_content": "<string>",
        "tool_calls": [
          {
            "id": "<string>",
            "type": "function",
            "function": {
              "name": "<string>",
              "arguments": "<string>"
            }
          }
        ]
      },
```

```
            "finish_reason": "stop"

        }

    ]

}


## 交互流程

flowchart TB

    A[上传 Excel] --> B{AI 自动分析}

    B -->|识别字段| C[生成基础指标：环比/排名/达标率]

    B -->|错误提示| D[提示修正数据格式]

    C --> E[可视化图表]

    E --> F[交互操作：筛选/时间范围]

    E --> G[一键导出 PNG/PDF]


## 设计风格

**类似 Pipedrive 的简洁风格**：白底蓝绿色系主色调、卡片式图表布局、最小化操作
按钮。
```

借助于这些提示词生成的应用，如图 5-13 所示。

图 5-13　Lovable 生成的销售业绩看板

在开发和使用销售业绩看板时，我们发现并解决了如下 3 个关键问题。

（1）AI "偷懒" 的问题。有时候 LLM 会偷懒，例如在 Lovable 并没有完整实现 AI 分析功能，我们在定位问题代码时有一行注释 "AI 分析逻辑将在这里实现"：

```
const handleAIAnalysis = async (prompt: string) => {
  setIsAnalyzing(true);
  // AI 分析逻辑将在这里实现
  setTimeout(() => {
    setIsAnalyzing(false);
  }, 2000);
};
```

让 Lovable 进一步实现 AI 分析功能，并要求有对应的页面来显示分析 AI 分析结果，如图 5-14 所示。

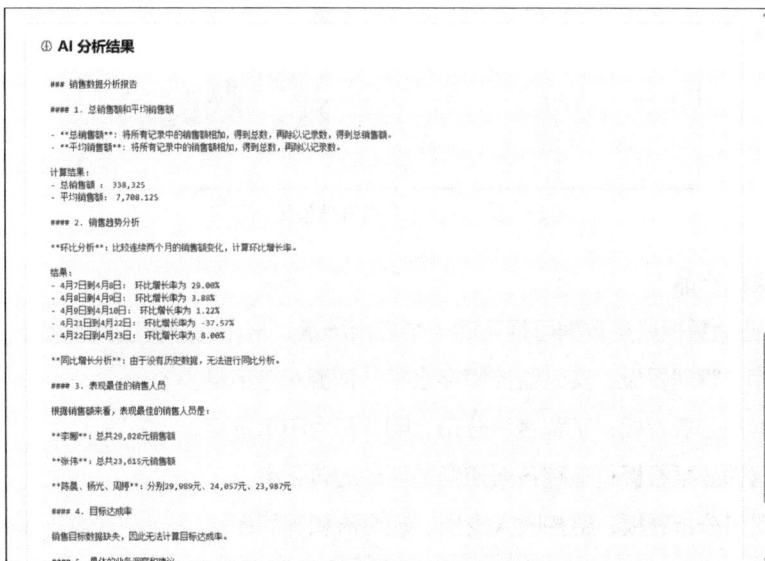

图 5-14 销售业绩分析结果示例

- LLM API 的调用，如果需要关闭推理过程（硅基流动默认开启），可以把 enable_thinking 参数设置为 false。

- 分析结果，直接显示 LLM API 返回的原始字符显示。如果想要处理得更好，可以考虑将 LLM API 的输出调整为 JSON 格式。

（2）**日期格式处理问题**。Excel 中的日期可能是以不同的格式（可能是数字格式或字符串格式）保存的。如果出现日期解析错误，可以考虑使用如下方案：

- 添加专门的日期解析函数 parseDate；
- 处理 Excel 数字格式的日期；
- 处理字符串格式的日期，并转换为标准的 YYYY-MM-DD 格式。

（3）**图表类型选择问题**。可视化图表类型使用错误，例如使用水平方向的图表来展示根据销售业绩的销售人员排名，往往会显示不正常。这时，可以告诉 AI 修改修改成更适合的图表形式：X 轴显示销售人员名字、Y 轴显示销售金额，如图 5-15 所示。

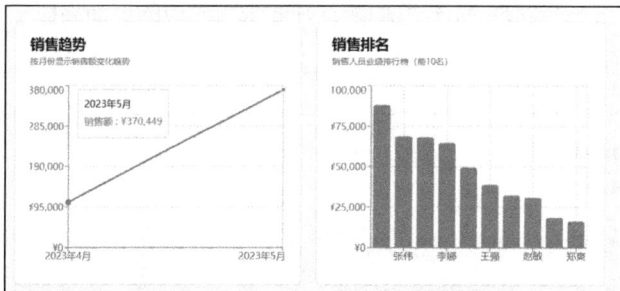

图 5-15　销售排名图表类型优化效果

7. 类似产品

销售业绩看板只是数据可视化的一个应用场景，常见的分析工具有如下 4 个。

- **库存管理看板**：实时监控库存水平，预警库存不足。
- **客户分析看板**：了解客户分布、购买行为和满意度。
- **营销效果看板**：追踪各渠道营销活动的转化率。
- **财务分析看板**：监控收入支出、现金流和利润率。

这些工具的核心都是将复杂的数据转化为直观的图表，帮助决策者快速获取信息。就像销售业绩看板一样，每个工具都应该专注于解决特定场景下的核心问题，通过简单直观的界面设计和精准的功能实现，帮助用户化繁为简，让数据分析变得轻而易举。

5.2.2 社交媒体评论分析工具：洞察用户需求的智能工具

"又一个差评！"小王盯着手机屏幕，眉头紧锁。作为一家新兴电商品牌的运营经理，他每天都要面对成百上千条用户评论。有赞美、有抱怨，有建议、有吐槽，但最让他头疼的是：如何从这些纷繁复杂的评论中，快速找出真正的问题所在？逐条阅读太耗时，简单的关键词统计又无法理解评论背后的情感。

借助于 Vibe 编程，我们只需要 30 分钟就能打造一个社交媒体评论分析工具。它能自动分析评论的情感倾向，生成直观的数据可视化，并提供 AI 洞察让运营决策更有依据。

1. 需求分析与场景构思

对于社交媒体评论分析工具，用户最关心的是快速获得有价值的洞察。

打开 DeepSeek，输入如下提示词。

帮我设计一款**社交媒体评论分析工具**，需要清晰地定义其功能范围和应用场景，包括如下 4 个步骤。

- **用户画像分析**：明确目标用户的特征、痛点和需求。
- **场景故事描述**：用具体的场景描述产品如何解决用户问题。
- **功能边界确定**：定义产品能做什么，不能做什么。
- **交互流程设计**：规划用户使用产品的流程和交互方式。

采用 MVP，用最少的功能实现产品。
- 粘贴文本：评论数据。
- LLM 分析评论数据，产出结果：饼图（正面、负面、中性）+结论（AI 洞察结果）。

借鉴符合产品定位的国外成熟软件的设计风格。

输出 MVP 描述。
1. 典型用户画像：一句话描述。
2. 场景故事：一句话描述。
3. 功能：用列表描述（只描述明确要做的功能，不需要的功能不描述）。

> 4. 交互流程：用列表描述。
>
> 5 设计风格：一句话描述

2. 优化并确定 MVP 描述

对于评论分析工具，虽然词云图、评论来源分类、多语言支持等功能听起来很吸引人，但它们并不是解决用户核心痛点所必需的。用户最迫切的需求是快速了解评论的整体情感倾向，并获得关键洞察。

复制 DeepSeek 输出的 MVP 描述，删除不必要的功能，得到如下 MVP 描述。

MVP 描述：社交媒体用户评论分析工具

1. **典型用户画像**
中小企业的社交媒体运营人员，需要快速分析用户评论的情感倾向，但缺乏专业数据分析工具或技术能力。

2. **场景故事**
某品牌运营人员将一周的 Instagram 评论粘贴到工具中，10 秒内获得情感分布饼图和 AI 总结的关键洞察，用于优化下一期内容策略。

3. **功能列表（MVP 核心功能）**
- **文本输入**：支持用户粘贴或上传社交媒体评论（纯文本）。

- **情感分析**：调用 LLM（硅基流动 API）自动分类评论为正面/负面/中性。

- **可视化图表**：生成情感分布饼图（占比+具体数值）。

- **AI 洞察摘要**：输出一段文字结论（如 "70%正面评论提及'包装精美'，负面评论主要抱怨'物流慢'"）。

4. **交互流程**

1. **用户进入工具首页**：简洁界面仅包含一个输入框和 "分析" 按钮。

2. **粘贴评论文本**：用户从社交媒体复制评论并粘贴（支持 5000 字符以内）。

3. **点击分析**：系统调用 LLM 处理数据，10 秒内返回结果页。

4. **查看结果页**：

- 顶部显示饼图（可下载 PNG）。

- 下方显示 AI 总结的结论（支持复制文本）。

5．**结束或重新分析**：提供"清除数据"按钮重新开始。

5．**设计风格**

*极简的 Monochrome 风格，参考 Typeform 的交互逻辑，突出数据可视化（类似 Chart.js 的默认饼图配色+清晰标签）。**

MVP 原则：

- 不做的功能：登录、评论来源分类、多语言支持、历史记录。

- 关键技术：LLM API+前端图表库（ECharts）。

为进一步确定技术实现方案，在 DeepSeek 输入如下提示词。

给功能列表中提到的功能提供合适的方案选择，采用纯前端方案：

经研究和分析，我们最终确定使用情感分布饼图。

可视化图表（情感分布饼图），采用 Chart.js 方案，提供 CDN 方案给我，创建一个用于测试的最简单的 Web 页面（不需要样式）给我。

生成结果如图 5-16 所示。

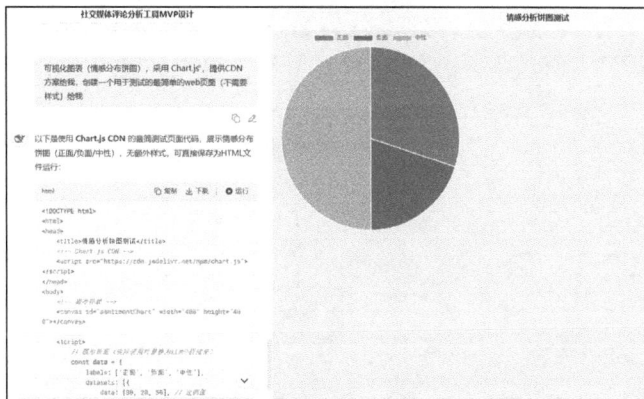

图 5-16　社交媒体用户评论分析工具选型测试

3. 创建 MVP 的流程图

继续在 DeepSeek 里输入如下提示词。

> 使用 Mermaid 格式展示 MVP，输出仅包含核心功能和交互的 mermaid: flowchart TB

生成的 Mermaid 格式流程图，如图 5-17 所示。

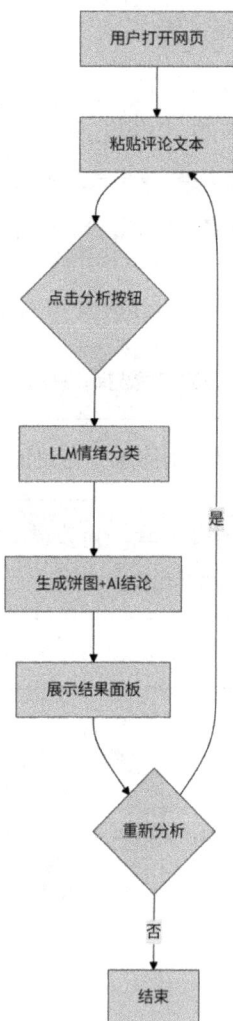

图 5-17　用户评论分析工具的交互流程

4．使用 Lovable 创建应用

将 MVP 的"功能列表"部分、LLM 分析、情绪分析饼图展示、Mermaid 流程图代码和设计风格进行整合，得到如下提示词，并输入 Lovable。

根据如下描述帮我创建产品：社交媒体用户评论分析工具。

功能列表（MVP 核心功能）

- **文本输入**：支持用户粘贴或上传社交媒体评论（纯文本）。

- **情感分析**：调用 LLM（硅基流动 API）自动分类评论为正面/负面/中性。

- **可视化图表**：生成情感分布饼图（占比+具体数值）。

- **AI 洞察摘要**：输出一段文字结论（如"70%正面评论提及'包装精美'，负面评论主要抱怨'物流慢'"）。

LLM 分析

将文本输入作为提示词，调用 LLM API，生成情感分析结果（情感分布占比数值和洞察摘要）。其中 apiKey、apiUrl 和 model 需要提供设置的 UI：

```
const apiUrl='https://api.siliconflow.cn/v1/chat/completions';
const apiKey= '<token>';
const model="Qwen/Qwen3-8B";

const systemPrompt=`
```

你是一个专业的情感分析工具，需要严格按如下规则处理用户输入的文本：

```
1. **任务**
```

- 分析文本中的每条评论的情感倾向，分类为 `正面`、`负面` 或 `中性`。

　　- 统计 3 类情感的占比（百分比，总和为 100%）。

　　- 生成一段简短的洞察摘要（50 字以内），总结关键发现。

```
2. **输出格式**（必须严格遵循如下 JSON 格式）:
{
  "sentiment_distribution": {
```

```
    "positive": "百分比数值（如 30%）",

    "negative": "百分比数值（如 20%）",

    "neutral": "百分比数值（如 50%）"

  },

  "insight_summary": "摘要文本（如：负面评论主要集中提及物流速度问题）"

}
```

3. **分析规则**

- `正面`：表达喜爱、赞扬、感谢等明确积极情绪。

- `负面`：表达愤怒、失望、批评等明确消极情绪。

- `中性`：无明确情感倾向或客观陈述。

4. **要求**

- 仅返回 JSON，不包含任何额外解释或注释。

  - 必须输出纯 JSON，无额外文本

  - 确保百分比数值为整数，且总和为 100%。

- **调用示例（API 请求体）**

假设用户输入文本为：

"这款产品很好用，但物流太慢了。客服态度不错，不过包装破损了。"

API 请求示例（OpenAI 风格）：

```
{

  "model": "gpt-4",

  "messages": [

    {

      "role": "system",

      "content": "（粘贴上面的 System 提示词）"

    },

    {
```

```
        "role": "user",
        "content": "这款产品很好用，但物流太慢了。客服态度不错，不过包装破损了。"
    }
  ]
}
```

预期响应结果：
```
{
  "sentiment_distribution": {
    "positive": "33%",
    "negative": "33%",
    "neutral": "34%
"
  },
  "insight_summary": "正面评价提及产品好用，负面评论聚焦物流和包装问题。"
}
`

const options = {
  method: 'POST',
  headers: {Authorization: `Bearer ${apiKey}`, 'Content-Type':
'application/json'},
  body: JSON.stringify({
        "model":model,
        "messages": [
          {
            "role":"system",
            "content":systemPrompt
          },
          {
```

```
        "role": "user",
        "content": "<评论文本数据>"
      }
    ],
    "stream": false,
    "max_tokens": 512,
    "enable_thinking": false
  })
};

fetch(apiUrl, options)
  .then(response => response.json())
  .then(response => console.log(response))
  .catch(err => console.error(err));
```

- API 返回结果需提取 choices[0].message.content 中的内容，并进行 JSON 格式处理成饼图所需要的分类数据和洞察摘要需要的文本：

```
{
  "id": "<string>",
  "choices": [
    {
      "message": {
        "role": "assistant",
        "content": "<string>",
        "reasoning_content": "<string>",
        "tool_calls": [
          {
            "id": "<string>",
```

```
          "type": "function",

          "function": {

            "name": "<string>",

            "arguments": "<string>"

          }

        }

      ]

    },

    "finish_reason": "stop"

  }

 ]

}
```

情绪分析饼图显示

```
<script src="https://cdn.jsdelivr.net/npm/chart.js"></script>

<!-- 画布容器 -->

<canvas id="sentimentChart" width="400" height="400"></canvas>
<script>
  // 模拟数据（实际使用时替换为 LLM 分析结果）
  const data = {
          labels: ['正面', '负面', '中性'],
          datasets: [{
              data: [30, 20, 50], // 比例值
              backgroundColor: [
                  '#4CAF50', // 绿色-正面
                  '#F44336', // 红色-负面
                  '#FFC107'  // 黄色-中性
              ]
```

```
            }]
        };

    // 渲染饼图
    const ctx = document.getElementById('sentimentChart').getContext
('2d');
    new Chart(ctx, {
            type: 'pie',
            data: data,
            options: {
                    responsive: false // 关闭响应式（固定尺寸）

    }
    });
```

交互流程
flowchart TB
    A[用户打开网页] --> B[粘贴评论文本]
    B --> C{点击分析按钮}
    C --> D[LLM 情绪分类]
    D --> E[生成饼图+AI 结论]
    E --> F[展示结果面板]
    F --> G{重新分析}
    G -->|是| B
    G -->|否| H[结束]

设计风格
极简的 Monochrome 风格，参考 Typeform 的交互逻辑，突出数据可视化（类似 Chart.js 的默认饼图配色+清晰标签）。

借助于这些提示词生成的应用，如图 5-18 所示。

（a）

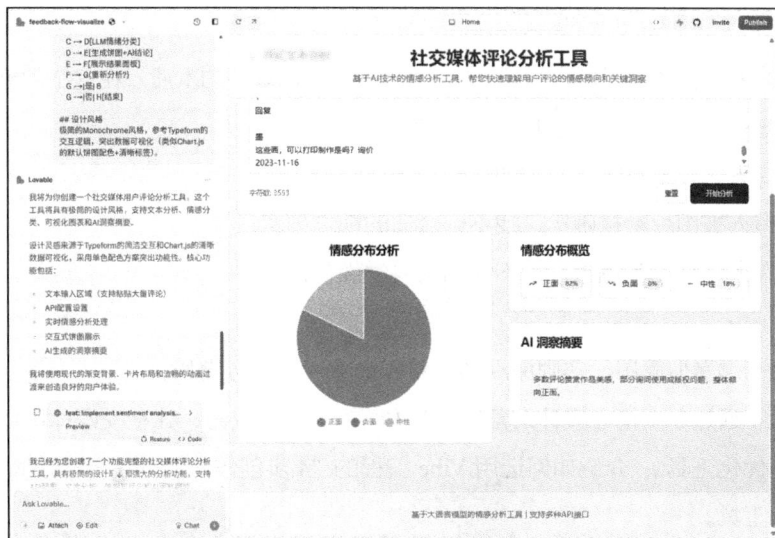

（b）

图 5-18 Lovable 生成的社交媒体评论分析工具

在开发和使用社交媒体评论分析工具时，我们发现并解决了如下两个关键问题。

- LLM API 调用失败的问题。当遇到 API 调用失败时，首先检查 API Key 是否正确配置；如果配置正确，可能是由于请求超时，建议增加超时时间或添加重试机制。

- 评论文本格式问题。有时用户直接从社交媒体复制的评论可能包含特殊字符或 HTML 标签，建议在发送给 LLM 之前进行文本清洗。

5. 类似产品

在数字化运营中，数据分析工具已经成为不可或缺的助手。除了社交媒体评论分析工具，如下工具可以帮助我们更好地理解用户。

- 用户行为追踪：分析用户在网站或 App 中的点击路径和停留时间。
- 转化漏斗分析：追踪用户从浏览到购买的每一步转化率。
- 用户画像生成器：根据用户数据自动生成用户画像。
- 竞品分析工具：监控竞争对手的社交媒体表现和用户反馈。

5.3　营销工具箱：让 AI 成为你的营销增长助手

"营销不是艺术，而是科学。"这句话道出了现代营销的本质。在这个数据驱动的时代，很多营销人员面临着如下一些挑战：

- 有人为文案发愁，不知如何吸引用户眼球；
- 有人被图片素材困扰，找不到合适的视觉创意；
- 有人对转化率焦虑，却不懂如何科学优化；
- ……

这些问题看似简单，实则深深影响着营销效果和业务增长。

本节将通过 3 个精心设计的营销工具（营销文案生成器、AI 社交媒体图像生成器和转化率优化工具），介绍如何运用 Vibe 编程的"4 步创作法"，快速将营销需求转化为可用的工具。

5.3.1　营销文案生成器：自动生成多种风格文案

"又要写文案了！"小美揉了揉太阳穴，作为一家新锐品牌的营销人员，她每天都要针对不同平台（微博、小红书、抖音等）写十几条产品文案。有时写着写着就灵感枯竭了，有时又觉得文案风格太过单一。最让她头疼的是，不同平台需要不同的文案风格，一个人实在难以应对。

借助于 Vibe 编程，我们只需要 30 分钟就能打造一个营销文案生成器。它能根据产品描述自动生成多种风格的文案，让营销人员从重复的文案创作中解放出来，专注于更有创意的工作。

1. 需求分析与场景构思

对于营销文案生成器，用户最关心的是快速获得可用的文案创意。

打开 DeepSeek，输入如下提示词。

帮我设计一款**营销文案生成器**，需要清晰地定义其功能范围和应用场景，包括如下 4 个步骤。

- **用户画像分析**：明确目标用户的特征、痛点和需求。
- **场景故事描述**：用具体的场景描述产品如何解决用户问题。
- **功能边界确定**：定义产品能做什么，不能做什么。
- **交互流程设计**：规划用户使用产品的流程和交互方式。

采用 MVP，用最少的功能实现产品。
- 任务要求：输入一段文本描述
- LLM 生成多个不同角度的文案

借鉴符合产品定位的国外成熟软件的设计风格。

输出 MVP 描述。
1. 典型用户画像：一句话描述。
2. 场景故事：一句话描述。
3. 功能：用列表描述（只描述明确要做的功能，不需要的功能不描述）。
4. 交互流程：用列表描述。
5 设计风格：一句话描述。

---

2. 优化并确定 MVP 描述

对于文案生成器，虽然图文排版、多语言翻译、SEO 优化等功能听起来很吸引人，但它们并不是解决用户核心痛点所必需的。用户最迫切的需求是快速获得多样化的文案创意。

复制 DeepSeek 输出的 MVP 描述，删除不必要的功能，得到如下 MVP 描述。

MVP 描述：营销文案生成器

1. 典型用户画像
中小企业的市场营销人员或创业者，需要快速生成多样化营销文案，但缺乏创意或时间。

2. 场景故事
一位电商运营人员需要在社交媒体发布产品推广，但苦于文案单一，使用该工具输入产品描述后，一键生成多个不同风格的文案，提高点击率。

3. 功能列表（MVP 核心功能）
- **输入**：用户提交一段产品/服务描述（如"新款智能手表，续航 7 天，支持血氧监测"）。
- **生成**：AI 自动生成**3～5 条不同风格**的营销文案（如"科技感""情感化""促销风"等）。
- **复制**：用户可一键复制选中文案。

4. 交互流程
1. 用户打开网页/应用，看到简洁的输入框。
2. 输入产品描述（支持 100 字以内）。
3. 点击"生成文案"按钮。
4. 系统返回 3～5 条不同风格的文案（每条附带风格标签）。
5. 用户点击"复制"按钮，直接粘贴使用。

5. 设计风格
参考**Jasper.ai**的极简风格：干净界面、无干扰元素，核心功能突出，配色以蓝/白为主，强调生成按钮的视觉引导。

MVP 原则：
- 只做"输入→生成→复制"闭环，不涉及复杂编辑、A/B 测试或长文生成。

3. 创建 MVP 的流程图

对于文案生成器这样的创意工具，清晰的流程图尤其重要，它能确保我们设计出符合用户创作习惯的交互方式。

继续在 DeepSeek 里输入如下提示词。

> 使用 Mermaid 格式展示 MVP，输出仅包含核心功能和交互的 `mermaid: flowchart TB`

生成的 Mermaid 格式流程图，如图 5-19 所示。

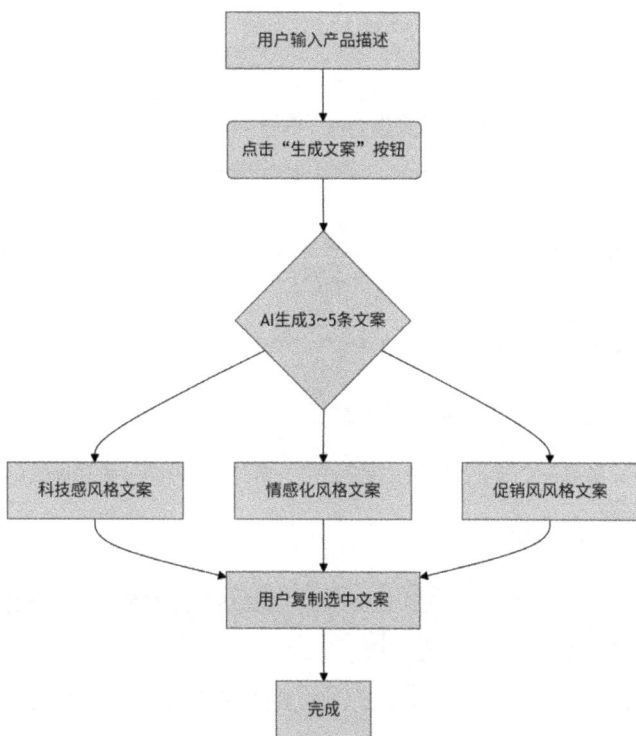

图 5-19　营销文案生成器的交互流程

4. 使用 Lovable 创建应用

将 MVP 的"功能列表"部分、AI 生成功能、Mermaid 流程图代码和设计风格进行整合，得到如下提示词，并输入 Lovable。

根据如下描述帮我创建产品：营销文案生成器。

功能列表（MVP 核心功能）

- **输入**：用户提交一段产品/服务描述（如"新款智能手表，续航 7 天，支持血氧监测"）。

- **生成**：AI 自动生成**3～5 条不同风格**的营销文案（如"科技感""情感化""促销风"等）。

- **复制**：用户可一键复制选中文案。

AI 生成功能

将用户提交一段产品/服务描述作为提示词，调用 LLM API，生成 3～5 条不同风格的营销文案。其中 apiKey、apiUrl 和 model 需要提供设置的 UI：

```
const apiUrl='https://api.siliconflow.cn/v1/chat/completions';

const apiKey= '<token>';

const model="Qwen/Qwen3-8B";

const systemPrompt=`
```

Role：你是一个专业的营销文案生成器，专门为中小企业主和营销人员提供高转化率的广告文案。

Task：根据用户输入的产品/服务描述，生成**3～5 条风格不同**的营销文案，每条文案需符合如下要求：

1. **风格标签**：明确标注文案风格（如"科技感""情感化""促销风""痛点解决型""幽默风"等）。

2. **长度限制**：每条文案不超过 30 字（确保简洁有力）。

3. **核心卖点**：必须包含用户输入中的关键功能或优势。

4. **多样化**：避免重复句式，每条文案角度需显著不同。

Output Format：

1. [风格标签] 文案内容

2. [风格标签] 文案内容

3. [风格标签] 文案内容

Examples:

- 用户输入：`"新款智能手表，续航 7 天，支持血氧监测"`

- 输出：

   1. [科技感] 7 天超长续航+血氧监测，你的健康管家！

   2. [情感化] 守护你的每一刻，电量与健康从不缺席！

   3. [促销风] 限时优惠！血氧监测手表，续航一周仅需××元！

Constraints:

- 禁止虚构产品没有的功能。

- 禁止使用复杂术语，语言需通俗易懂。

- 优先使用短句、行动号召（如"立即购买""点击了解"）。

Tone：专业但友好，适应不同风格需求。
`

```
const options = {
  method: 'POST',
  headers: {Authorization: `Bearer ${apiKey}`, 'Content-Type':
'application/json'},
  body: JSON.stringify({
        "model":model,
        "messages": [
          {
            "role":"system",
            "content":systemPrompt
          },
```

```
                {
                    "role": "user",
                    "content": "<评论文本数据>"
                }
            ],
            "stream": true,
            "max_tokens": 512,
            "enable_thinking": false
        })
    };
```

- API，需要处理流式返回的结果（文本在 choices[0].message.content），在 UI 上要显示打字机的效果。

交互流程：

```
flowchart TB
    A[用户输入产品描述] --> B(点击"生成文案"按钮)
    B --> C{AI 生成 3~5 条文案}
    C --> D1[科技感风格文案]
    C --> D2[情感化风格文案]
    C --> D3[促销风风格文案]
    D1 --> E[用户复制选中文案]
    D2 --> E
    D3 --> E
    E --> F[完成]
```

设计风格

参考 **Jasper.ai**的极简风格：干净界面、无干扰元素，核心功能突出，配色以蓝/白为主，强调生成按钮的视觉引导。

借助于这些提示词生成的应用，如图 5-20 所示。

图 5-20 Lovable 生成的营销文案生成器

在开发和使用营销文案生成器时，我们发现并解决了如下两个问题。

（1）**流式输出显示的问题**。当使用流式传输（将 stream 字段设置为 true）时，文案生成的打字机效果可能会出现闪烁或消失的情况。这通常是由状态管理不当导致，需要确保文本状态在整个生成过程中得到正确维护。我们可以使用如下描述。

生成文案的流式打字机效果在传输结束后消失

修复后的流程如下：

- 生成开始时显示打字机效果；
- 打字机效果持续显示，直到完成解析并生成卡片；
- 只有当卡片生成（LLM API 请求完成后）后，打字机效果的文本才会被替换。

（2）**文案风格差异化较小的问题**。有时针对多个平台生成的文案风格差别较小，这时可以通过调整 System 提示词中的"风格标签"来增强文案的多样性。

5. 类似产品

在数字营销领域，AI 创意工具正在改变传统的内容创作方式。除了文案生成器，如下工具也可以帮助营销人员提升工作效率。

- 标题优化工具：专门用于生成吸引眼球的文章标题和广告标题。
- 文案翻译助手：自动将营销文案翻译成多种语言，并保持原有的营销文案风格。
- 品牌语气调校器：保持所有营销内容的品牌语气一致性。
- 节日文案生成器：根据不同节日自动生成应景的营销文案。

5.3.2 社交媒体图像生成器：让创意不再受限

"这张图片太普通了！"小张看着刚从图库下载的素材，皱起了眉头。作为一家新兴品牌的社交媒体营销人员，她每天都要为不同平台的宣传文案准备大量的配图。图库的素材千篇一律，定制设计不但价格贵而且速度慢。

借助于 Vibe 编程，我们只需要 30 分钟就能打造一个社交媒体图像生成器。它能根据文字描述自动生成符合品牌风格的图片，让社交媒体营销人员能够随时获得独特的图片素材。

1. 需求分析与场景构思

打开 DeepSeek，输入如下提示词。

> 帮我设计一款**社交媒体图像生成器**应用，需要清晰地定义其功能范围和应用场景，包括如下 4 个步骤。
>
> - **用户画像分析**：明确目标用户的特征、痛点和需求。
> - **场景故事描述**：用具体的场景描述产品如何解决用户问题。
> - **功能边界确定**：定义产品能做什么，不能做什么。
> - **交互流程设计**：规划用户使用产品的流程和交互方式。
>
> 采用 MVP，用最少的功能实现产品。

- 输入任意文本。

- 根据文本生成图像的提示词（按照 System 提示词要求）。

- 根据提示词生成图像。

输出 MVP 描述。

1．典型用户画像：一句话描述。

2．场景故事：一句话描述。

3．功能：用列表描述（只描述明确要做的功能，不需要的功能不描述）。

4．交互流程：用列表描述。

2. 优化并确定 MVP 描述

对于社交媒体图像生成器，虽然图片编辑、滤镜效果、批量生成等功能听起来很吸引人，但它们并不是解决用户核心痛点所必需的。用户最迫切的需求是快速获得符合需求的原创图片。

复制 DeepSeek 输出的 MVP 描述，删除不必要的功能，得到如下 MVP 描述。

MVP 描述：社交媒体图像生成应用

1. **典型用户画像**
小型企业社交媒体运营人员，需要快速生成吸引眼球的配图，但缺乏设计技能或时间。

2. **场景故事**
用户输入活动文案"周末限时 5 折促销"，系统自动生成高质量促销海报，用户可直接下载并发布到社交媒体。

3. **功能**
- **文本输入框**：用户输入任意文本（如活动描述、关键词）。
- **提示词生成**：系统将用户文本转换为适合图像生成的优化提示词（例如："vibrant sale poster, '50% OFF this weekend!' text, colorful balloons, shopping bags, flat vector style"）。

    — **图像生成**：调用图像生成 API（如 DALL·E 或 Stable Diffusion），基于提示词输出一张高清图像。

    — **图像下载**：用户可一键下载生成的图片（PNG/JPG 格式）。

4．**交互流程**

1．**用户打开应用**：展示简洁界面，居中显示输入框和按钮。

2．**输入文本**：用户输入描述（如"夏日清凉饮品促销"）。

3．**生成提示词**：点击"生成"按钮，系统后台优化文本为图像提示词（用户不可见过程）。

4．**生成图像**：自动调用 API 生成图像，展示预览图。

5．**下载或重试**：用户可选择下载图片，或修改文本重新生成。

边界说明（不做的功能）：

— **不包含**：编辑图片、多图选择、用户账户系统、复杂模板。

— **核心目标**：用最低步骤完成"文本→图像→下载"。

3．创建 MVP 的流程图

对于社交媒体图像生成器，清晰的流程图尤其重要，它能确保我们设计出符合用户创作习惯的交互方式。

在 DeepSeek 里输入如下提示词。

使用 Mermaid 格式展示 MVP，输出仅包含核心功能和交互的 mermaid: flowchart TB

生成的 Mermaid 格式流程图，如图 5-21 所示。

4．使用 Lovable 创建应用

将 MVP 的"功能列表"部分、提示词生成和 Mermaid 流程图代码进行整合，得到如下提示词，并输入 Lovable。

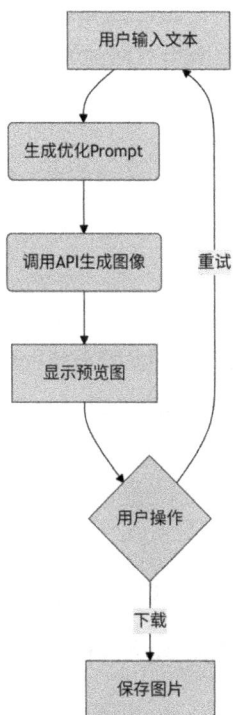

图 5-21 社交媒体图像生成器的交互流程

根据如下描述帮我创建产品：社交媒体图像生成器。

功能列表（MVP 核心功能）
- **文本输入框**：用户输入任意文本（如活动描述、关键词）。
- **提示词生成**：系统将用户文本转换为适合图像生成的优化提示词（例如：" vibrant sale poster, '50% OFF this weekend!' text, colorful balloons, shopping bags, flat vector style"）。
- **图像生成**：调用图像生成 API（使用设置里的），基于提示词输出一张高清图像。
- **图像下载**：用户可一键下载生成的图片（PNG/JPG 格式）。

提示词生成
- 需要提供可以设置 System 提示词的设置
- 使用 LLM API 完成，参考如下：

将用户输入任意文本作为提示词，调用 LLM API，生成提示词。其中 apiKey、apiUrl、model 和 SystemPrompt 需要提供设置的 UI：

```
const apiUrl='https://api.siliconflow.cn/v1/chat/completions';
const apiKey= '<token>';
const model="Qwen/Qwen3-8B";

const systemPrompt=`你是专业的封面设计师，把用户的输入，转化为一张专业的封面图的文本描述提示词，直接输出提示词给我：
the image ……
`
const options = {
  method: 'POST',
  headers: {Authorization: `Bearer ${apiKey}`, 'Content-Type':
'application/json'},
  body: JSON.stringify({
      "model":model,
      "messages": [
        {
          "role":"system",
          "content":systemPrompt
        },
        {
          "role": "user",
          "content": "<用户的输入>"
        }
      ],
      "stream": false,
      "max_tokens": 512,
```

```
            "enable_thinking": false

        })

    };
```

- API 需要处理返回的结果（文本在 choices[0].message.content）。

图像生成

需要提供设置 UI，设置 model、apiUrl 和 apiKey，参考如下代码：

```
const model="Kwai-Kolors/Kolors";

const apiKey=<token>;

const apiUrl="https://api.siliconflow.cn/v1/images/generations"

const options = {
    method: 'POST',
    headers: {Authorization: `Bearer ${apiKey}`, 'Content-Type':
'application/json'},
    body: JSON.stringify({
            "model":model,
            "prompt": prompt
        })
};

fetch(apiUrl, options)
    .then(response => response.json())
    .then(response => console.log(response))
    .catch(err => console.error(err));
```

- api 请求结果，使用 images[0].url 显示在结果 UI 上：

```
{
    "images": [
```

```
    {
      "url": "<string>"
    }
  ],
  "timings": {
    "inference": 123
  },
  "seed": 123
}


## 交互流程

flowchart TB
    A[用户输入文本] --> B(生成优化提示词)

    B --> C(调用 API 生成图像)

    C --> D[显示预览图]

    D --> E{用户操作}

    E -->|下载| F[保存图片]

    E -->|重试| A
```

借助于这些提示词生成的应用，如图 5-22 所示。

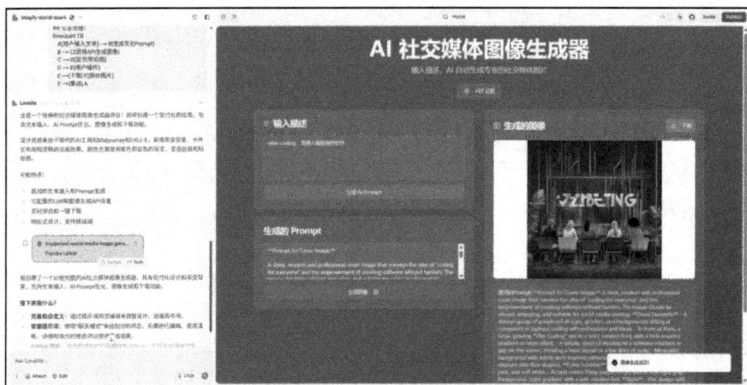

图 5-22　Lovable 生成的 AI 社交媒体图像生成器

在开发和使用 AI 社交媒体图像生成器时，我们发现并解决了如下两个问题。

图像生成速度慢的问题。当调用某些图像生成模型时，可能需要较长的等待时间。建议在界面上添加生成进度提示，并在等待期间展示创意提示或使用技巧，以提升用户体验。

提示词优化问题。用户输入的文本可能无法很好地转化为有效的图像生成提示词。在这种情况下，可以通过完善 System 提示词或提供常用提示词模板等方法，来提升提示词的质量。

5. 类似产品

在数字创意领域，AI 图像生成已成为日常工作与生活中不可或缺的工具。除 AI 社交媒体图像生成器外，如下 4 款工具可精准解决特定场景需求。

- 品牌形象生成器：基于品牌调性生成 Logo 及视觉识别系统，大幅提升品牌设计效率。
- 产品场景合成器：通过贴合技术将产品融入多元场景，快速生成实景展示图（无须手动修图）。
- 海报模板生成器：依据文案生成多元版式的海报设计方案，有效提升营销物料制作效率。
- 表情包定制工具：将品牌元素精准植入表情包体系，强化社交场景中的互动传播效果。

5.3.3　转化率优化工具：销量提升 50%的系统

"为什么这个广告的点击率这么低？"小王盯着数据面板发愁。作为一家电商平台的营销经理，他每天都要处理大量的营销文案和广告素材。有些文案效果出众，有些却收效甚微，但最让他头疼的是：如何从成功的案例中总结经验，避免重复犯错？

借助于 Vibe 编程，我们只需要 30 分钟就能打造一个智能的转化率优化工具。它能自动分析高低转化率文案的特征，并为新文案提供优化建议，让营销决策更有依据。

1. 需求分析与场景构思

在开始开发之前，我们需要深入理解目标用户的痛点和需求。对于转化率优化这样的分析工具，采用 MVP 策略尤其合适，因为用户最关心的是快速获得可行的优化建议。

打开 DeepSeek，输入如下提示词。

> 帮我设计一款**转化率优化工具**，需要清晰地定义其功能范围和应用场景，包括如下 4 个步骤。
>
> - **用户画像分析**：明确目标用户的特征、痛点和需求。
> - **场景故事描述**：用具体的场景描述产品如何解决用户问题。
> - **功能边界确定**：定义产品能做什么，不能做什么。
> - **交互流程设计**：规划用户使用产品的流程和交互方式。
>
> 采用 MVP，用最少的功能实现产品。
> - 粘贴录入历史数据：设置为高转化率或者低转化率分类
> - 根据历史数据总结出高转化率和低转化率的文案特征
> - 基于高低转化率的特征给新的文案提出优化建议
>
> 输出 MVP 描述。
> 1. 典型用户画像：一句话描述。
> 2. 场景故事：一句话描述。
> 3. 功能：用列表描述（只描述明确要做的功能，不需要的功能不描述）。
> 4. 交互流程：用列表描述。

2. 优化并确定 MVP 描述

对于转化率优化工具，虽然实时监控、竞品分析、多维度数据可视化等功能听起来很吸引人，但它们并不是解决用户核心痛点所必需的。用户最迫切的需求是理解什么样的文案更容易转化，并获得具体的优化建议。

复制 DeepSeek 输出的 MVP 描述，删除不必要的功能，得到如下 MVP 描述。

MVP 描述：转化率优化工具

1. 典型用户画像
中小企业的数字营销人员，负责广告投放或落地页优化，缺乏系统的文案优化方法论，依赖经验或试错。

2. 场景故事
营销人员将过去的高/低转化率文案输入工具，工具分析出关键差异特征，并基于新文案给出优化建议，提升点击率或转化率。

3. 功能列表（仅核心功能）
- **数据录入**：支持用户粘贴历史文案，并标注高/低转化率分类（如"高转化"或"低转化"）。
- **特征分析**：自动提取高/低转化率文案的关键词、句式、情感倾向等特征。
- **优化建议**：用户输入新文案后，对比高/低转化特征，给出具体优化建议（如"增加紧迫感词汇""减少长句"）。

4. 交互流程
1. **数据录入**：用户进入工具，粘贴历史文案并选择分类（高/低转化）。
2. **分析触发**：用户点击"分析数据"，工具生成高/低转化文案的特征报告。
3. **优化请求**：用户输入新文案，点击"获取建议"，工具返回优化点。
4. **结果展示**：建议以对比形式呈现（如"当前文案接近低转化特征，建议调整：① 加入'限时'类词汇；② 缩短首句长度"）。

边界说明（不做的功能）：
- 不包含 A/B 测试、多语言支持、图片/视频分析，仅限纯文本优化。

3. 创建 MVP 的流程图

对于转化率优化工具这样的分析产品，清晰的流程图尤其重要，它能确保我们设计出符合用户分析习惯的交互方式。

继续在 DeepSeek 里输入如下提示词。

使用 Mermaid 格式展示 MVP，输出仅包含核心功能和交互的 mermaid: flowchart TB

生成的 Mermaid 格式流程图，如图 5-23 所示。

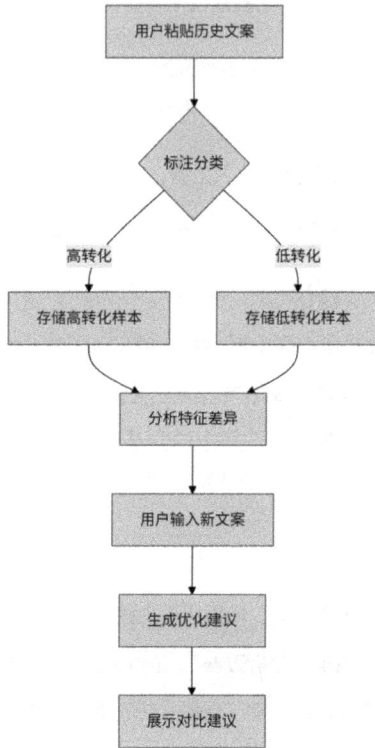

图 5-23 转化率优化工具的交互流程

4. 使用 Lovable 创建应用

将 MVP 的"功能列表"部分、特征分析和优化建议和 Mermaid 流程图代码进行整合，得到如下提示词，并输入 Lovable。

根据如下描述帮我创建产品：转化率优化工具。

功能列表（MVP 核心功能）

– **数据录入**：支持用户粘贴历史文案，并标注高/低转化率分类（如"高转化"或"低转化"）。

– **特征分析**：自动提取高/低转化率文案的关键词、句式、情感倾向等特征。

- **优化建议**：用户输入新文案后，对比高/低转化特征，给出具体优化建议（如"增加紧迫感词汇""减少长句"）。

特征分析和优化建议

都采用 LLM API 来完成，输入请根据工具的要求，API 调用参考：

其中 apiKey、apiUrl、model 需要提供设置的 UI：

```
const apiUrl='https://api.siliconflow.cn/v1/chat/completions';
const apiKey= '<token>';
const model="Qwen/Qwen3-8B";

const options = {
  method: 'POST',
  headers: {Authorization: `Bearer ${apiKey}`, 'Content-Type':
'application/json'},
  body: JSON.stringify({
      "model":model,
      "messages": [
        {
          "role":"system",
          "content":"<需根据不同功能确定>"
        },
        {
          "role": "user",
          "content":"<需根据不同功能确定>"
        }
      ],
      "stream": false,
      "max_tokens": 1024,
```

```
            "enable_thinking": false
        })
    };
```

- API 需要处理返回的结果（文本在 `choices[0].message.content`）。

交互流程：

```
flowchart TB
    A[用户粘贴历史文案] --> B{标注分类}
    B -->|高转化| C[存储高转化样本]
    B -->|低转化| D[存储低转化样本]
    C & D --> E[分析特征差异]
    E --> F[用户输入新文案]
    F --> G[生成优化建议]
    G --> H[展示对比建议]
```

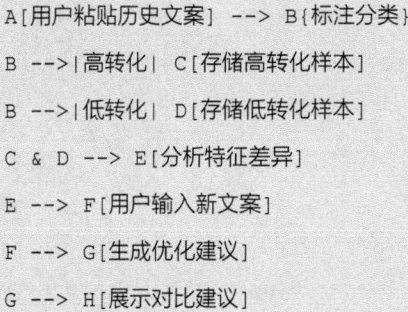

借助于这些提示词生成的应用，如图 5-24 所示。

（a）数据录入页面

图 5-24　Lovable 生成的转化率优化工具

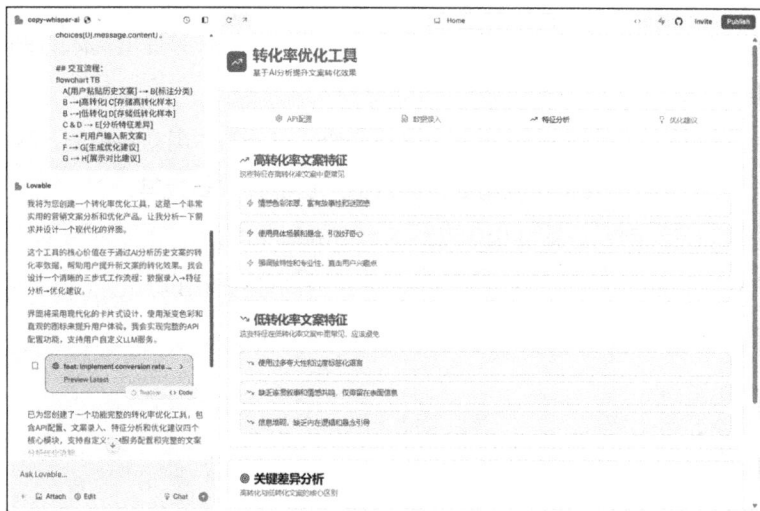

（b）特征分析页面

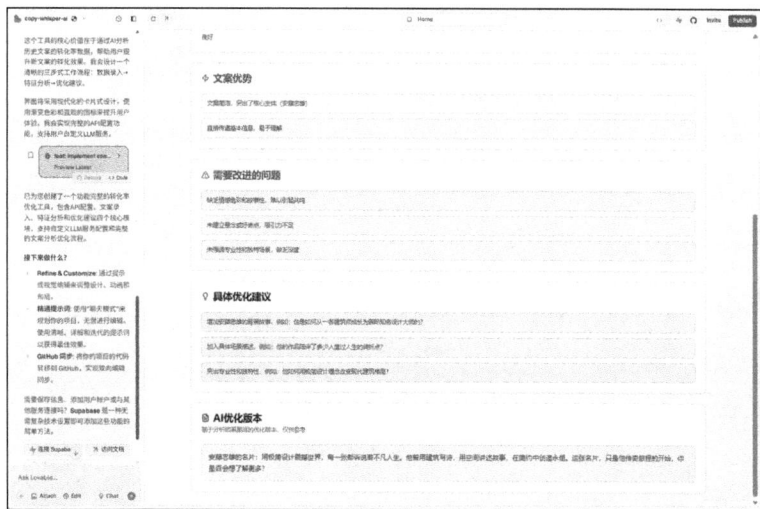

（c）优化建议页面

图 5-24 Lovable 生成的转化率优化工具（续）

在开发和使用转化率优化工具时，我们发现并解决了如下两个问题。

（1）**样本数据不足**。当历史数据样本较少时，分析结果可能不够准确。这时，建议在界面上提示用户最小样本数量要求，并提供样例数据供参考。

（2）**建议过于笼统**。有时系统给出的优化建议可能不够具体。在这种情况下，可以通过完善 System 提示词来提升建议的精确度和可操作性，并提供具体的修改示例。

5. 类似产品

在数字营销领域，数据分析工具在提升营销效果上的作用愈发重要。除了文案转化率分析，如下 3 款工具也可以帮助帮助营销人员提升营销效果。

- 着陆页优化器：分析并优化网站落地页的转化率。
- 广告素材测试工具：自动进行多版本广告创意的 A/B 测试。
- 竞品营销监测器：分析竞争对手的营销策略和效果。

## 第 6 章

未来已来，Vibe 编程如何改变世界

Vibe 编程正像一股变革浪潮，不仅改变着我们创造事物的方式，还在重塑整个社会的运作逻辑——它催生了新职业，为传统岗位的人打开了转型通道，还在革新教育模式、搭建未来的协作新框架。这些变化不是遥远的想象，而是正在我们身边发生的事儿。

6.1 新职业图谱：Vibe 编程将创造的 10 个工作岗位

Vibe 编程不仅在改变我们生活和工作的方式，还在悄悄地重塑企业的运行逻辑。随着这项技术越来越普及，一批新兴职业正在诞生。这些职业将专业知识和 Vibe 编程技能进行巧妙结合，能够产出意想不到的结果。

这些新兴职业的共同特点有如下 5 点。

- **架起专业知识与技术实现的桥梁**：能够填补专业领域知识与技术实现之间的空白，使非技术专家能直接将行业经验转化为数字工具。
- **降低定制化门槛**：大幅降低定制软件的开发成本，使原本只有大型组织才能负担的定制化解决方案变得广泛可及。
- **加速想法落地**：缩短从想法到解决方案的时间，支持更快的创新和适应性变革。这种转化过程需要持续演化和创新能力，而不是简单套用现有模板，需要人类的创造性思维。

- **赋能领域专家**：使领域专家能直接参与和主导技术方案的设计，减少对纯技术人员的依赖。
- **设计更符合实际需求的解决方案**：根据真实工作场景定制解决方案，而非简单应用模板，同时考虑伦理和合规要求，使做出的工具更符合真实工作场景。

本节将介绍衍生式设计师、跨学科数据合成工程师、领域专业软件定制师和技术原型验证师等 10 个新型职业。

6.1.1　衍生式设计师

过去设计师做方案，主要依赖经验和想象力，难以高效探索大量的设计可能性。人工手动调整设计参数并迭代不仅耗时，还容易陷入局部最优解而难以突破；尤其是要同时兼顾多个指标（如重量、强度、成本等）时，很难高效找到最佳平衡点。

具有设计或工程背景的专业人士，借助于 Vibe 编程，能够根据特定目标、约束条件和性能指标生成和探索多种设计方案。这些人士就是**衍生设计师**。他们需清晰地定义设计需求与约束条件，再通过 Vibe 编程设置算法规则，使系统自动生成大量方案，最后根据既定目标和约束筛选出较优方案。这需要掌握参数化建模、设计优化知识，并了解相关 AI 算法（如用于优化设计的遗传算法）。

以汽车车身框架设计为例，车身框架需要实现轻量化并确保安全。衍生式设计师利用 Vibe 编程定义"安全第一，同时减重降本"的规则，AI 在几天内即可生成数百种方案，每种方案都针对重量、成本和强度这些关键指标进行优化。工程师可直接将这些方案作为参考。

引入衍生设计师的角色，不仅可以提高设计效率，还能发现传统方法可能忽略的解决方案，从而缩短开发周期并降低成本。这样，设计团队可以专注于设计意图和创意构思，将复杂的参数优化计算交由 AI 处理。

6.1.2　跨学科数据合成工程师

AI 模型训练需依赖大量高质量数据，但在医疗、金融、科研等领域，真实数据常因获取困难、成本高昂或涉及隐私问题而难以满足需求。不同学科的数据具有不同的特征、分布规律及约束条件，通用数据生成方法通常难以适配特定领域要求。现有合成数据工具缺乏跨学科整合能力，难以有效处理复杂的多模态数据场景。

具备多学科背景（如统计学、计算机科学和特定领域专业知识）的专业人士，利用 Vibe 编程能力生成和管理跨学科合成数据，用于训练 AI 模型。这些人士就是**跨学科数据合成工程师**。他们不仅掌握数据科学和机器学习技术，更需深度理解不同学科的数据特征、业务逻辑及约束条件，从而创建既符合统计规律又保留领域特征的高质量合成数据集。

某医疗 AI 公司需训练能同时处理医学影像、临床数据和基因信息的诊断模型，但患者数据受严格隐私保护且样本稀缺。跨学科数据合成工程师能融合医学知识、统计学原理与 AI 技术，生成包含逼近医学影像特征、符合临床逻辑的检验指标及遵循遗传学规律的基因数据的综合数据集，并确保不同数据模态间的相关性符合医学实际。

引入跨学科数据合成工程师的角色，能够解决数据稀缺与隐私限制问题，加速 AI 模型开发与部署，降低数据获取成本，从而促进跨学科 AI 应用发展，使各领域专家能在数据充足环境下开发更准确可靠的 AI 工具，推动科研与产业创新。

6.1.3　领域专业软件定制师

各行业专业人士需使用能精确反映其独特工作流程的软件工具，但通用商业软件常因功能冗余或不足而无法匹配特定业务需求。传统定制软件的开发周期长、成本高，致使多数专业人士只能妥协使用不完全适配的工具。

在医疗、建筑、制造等特定领域拥有实践经验，并掌握 Vibe 编程技能的专业人士，他们了解行业术语、工作流程及痛点，能为同行创建既体现行业最佳实践又满足个性化需求的软件工具。这些人士就是**领域专业软件定制师**。

某物理治疗师需要一套跟踪患者康复进度及疗效的系统，但市场上的解决方案或为功能过于简单的单一系统，或为大型医疗机构设计的复杂系统。领域专业软件定制师可快速创建面向独立诊所的患者管理系统，包含专业评估指标、进度可视化及个性化训练计划功能。

引入领域专业软件定制师的角色，可以使各行业专业人士获得真正契合其工作流程的软件工具，提升工作效率与服务质量，同时避免高昂的传统开发成本与漫长周期。

6.1.4　技术原型验证师

初创公司及产品团队需快速验证产品概念以获取市场反馈与投资，但将想法转化为产品原型通常需数周甚至数月的时间。雇佣专业开发团队成本高昂，无代码平台因功能限制而又无法创建足够逼真的原型。

兼具产品设计知识与 Vibe 编程技能的专业人士，能在极短时间（通常几天）内将概念转化为可用的产品原型。这些人士就是**技术原型验证师**。他们既理解用户体验设计原则，又能快速运用 AI 工具实现产品功能，创建接近真实产品的体验。

某初创公司有一个创新健康追踪应用的构想，需在下周投资人会议前准备原型。技术原型验证师可在三天内创建包含用户数据输入、分析算法及视觉报告界面的功能性原型，足以展示核心价值并获取用户反馈。

引入技术原型验证师的角色，能大幅缩短产品验证周期，降低创新风险，使创业团队能以最小投入快速测试与迭代产品概念，提高成功率并避免在无市场需求的产品上浪费资源。

6.1.5　AI 工作流程自动化工程师

大型企业内部普遍存在部门壁垒，各部门使用不同的系统和工具，信息传递依赖人工协调，导致跨部门项目执行缓慢且易出错。现有企业级解决方案常需长期 IT 项目实施，成本高昂且难以快速适应业务变化，无法满足快速迭代的跨部门协作需求。

深度理解大型企业组织架构与跨部门业务流程的专业人士，借助于 Vibe 能够设计与实施企业级智能工作流程。这些人士就是 **AI 工作流程自动化工程师**。他们擅长分析复杂的多部门协作模式，识别系统间断点，并创建连接销售、市场、财务、人力资源、采购等多部门的自动化协作平台。

某大型制造企业的新产品上市流程需市场、研发、生产、财务、法务及销售部门紧密协作。在传统流程中，各部门使用不同系统，信息通过邮件和会议传递，导致项目周期长达 6 个月。AI 工作流程自动化工程师设计了一个智能协作平台：当市场部输入需求时，系统自动触发研发部可行性评估，同步启动财务部成本预算，并根据进度自动安排跨部门会议，将整体流程缩短至 3 个月。

引入 AI 工作流程自动化工程师的角色，可以打破企业内部信息壁垒，实现高效跨部门协同，提升大型项目执行效率，减少人工协调成本。通过智能工作流确保信息在正确时间传递至正确人员，显著提升企业整体运营效率与决策质量。

6.1.6 小型企业数字化顾问

小型企业迫切需通过数字化提升竞争力，但面临预算有限、技术知识缺乏、无力承担企业级解决方案，而通用工具又无法满足其特殊需求等挑战。许多小企业只能使用多个互不连贯的系统，导致效率低下与数据不一致。

同时了解小企业运营与数字工具的专业人士，利用 Vibe 编程可以为小企业创建符合其预算与特定需求的定制化数字解决方案。这些人士就是**小型企业数字化顾问**。他们擅长将预约、库存、客户管理、财务等多种功能整合至统一且易用的系统中。

某小型美容沙龙需一套处理预约、客户资料、产品销售及会员积分的系统，但市场上的解决方案或成本过高，或功能分散于多个应用。小型企业数字化顾问可在几天内创建整合所有功能的定制系统，适配沙龙特定服务流程与品牌风格，成本远低于商业解决方案。

引入小型企业数字化顾问的角色，使小型企业能以可负担成本获得真正契合其需求的数字工具，提升运营效率，改善客户体验，增强竞争力，同时避免被迫适应不合适的通用软件或承担过高 IT 成本。

6.1.7 教育内容个性化设计师

教育者面临班级中学生学习能力、风格及兴趣多样化的挑战，但创建个性化教学内容极其耗时。现有教育平台提供的定制选项有限，难以满足特定课程及学生群体需求，教师被迫在个性化与工作量间妥协。

具有教育学背景的专业人士，利用 Vibe 编程可以为教师和学校创建学习内容生成与个性化系统。这些人士就是**教育内容个性化设计师**。他们了解教育理论、学习进程及评估方法，能基于学生学习数据动态调整内容难度与呈现方式。

某高中数学教师需为 30 名不同水平的学生提供个性化练习与反馈，手动创建多版本作业几乎不可行。教育内容个性化设计师可创建智能练习系统：根据学生表现自动生成个性化问题，提供即时反馈，并为教师生成详细学习进度报告，帮助识别需额外关注的学生和概念。

引入教育内容个性化设计师的角色，能真正实现教育个性化，提升学习效果与学生参与度，同时减轻教师创建多版本教学材料的负担。使个性化教育从理论变为日常实践，即使在资源有限的环境中也能实施。

6.1.8　餐饮运营自动化顾问

餐厅经营者面临库存控制、员工排班、菜单优化及客户体验等多重管理挑战，但市面餐饮管理软件常价格昂贵且难以适配各类餐厅的独特运营模式。许多餐厅只能使用多个互不关联的系统或依赖纸质记录。

拥有餐饮业经验的专业人士，利用 Vibe 编程可以为餐厅创建整合多种功能的运营管理系统。这些人士就是**餐饮运营自动化顾问**。他们了解不同类型餐厅的运营流程及痛点，能快速开发符合特定餐厅需求的定制化解决方案。

某中式快餐店需优化食材采购与库存管理以减少浪费，同时希望分析销售数据优化菜单。餐饮运营自动化顾问能在一周内创建集食材管理、销售分析及菜单优化于一体的系统，自动根据销售预测生成采购清单，并提供菜单项表现分析，支持经营者决策。

引入餐饮运营自动化顾问的角色，能减少餐厅食材浪费，优化劳动力配置，提高利润率，改善客户体验，使中小型餐厅能以合理成本获得企业级管理能力。

6.1.9　临床决策支持系统定制师

医疗决策需整合大量分散信息（病史、实验室结果、影像学、最新研究、药物相互作用等），现有系统或过于通用难以满足特定科室需求，或定制成本高昂。医生常需在多个系统间切换获取完整信息，延误决策时间。

具有医学背景（如临床医生、护士或医学信息学专家）的专业人士，利用 Vibe 编程为特定科室或疾病领域创建定制化临床决策支持工具。这些人士就是**临床决策支持系统定制师**。他们能理解该领域的临床决策路径，将分散数据源整合至单一界面，并嵌入最新临床指南。

肿瘤科医生需能同时显示患者基因测序结果、影像学变化、实验室指标趋势及可用临床试验的系统，普通电子病历系统（EMR）无法提供此整合视图。临床决策支持系统定制师可快速创建针对特定肿瘤类型的综合决策平台，无须漫长 IT 开发周期。

引入临床决策支持系统定制师的角色，能缩短医疗决策时间，减少医疗差错，提高治疗个性化水平，使医疗团队能专注于患者护理而非技术障碍，同时大幅降低医疗软件定制成本。

6.1.10　法律文档智能分析师

律师事务所需处理海量合同与法律文件，传统人工审阅费时费力且易出错。大型律所可负担昂贵法律技术解决方案，但中小型事务所及独立执业律师往往无力承担。现有通用法律软件难以适应不同法律领域的特殊需求。

具有法律教育背景并掌握 Vibe 编程的专业人士，能为知识产权、房地产、并购等特定法律领域创建定制化文档分析工具。这些人士就是**法律文档智能分析师**。他们了解该领域的法律术语、常见风险点及文档结构，能构建专门化的分析系统。

房地产律师需审查数百页物业文件以识别潜在风险。法律文档智能分析师可创建专门针对房地产交易的文档分析工具，自动识别产权缺陷、未披露负担及异常条款，并生成风险摘要报告，将审查时间从数天缩短至数小时。

引入法律文档智能分析师的角色，能大幅提高法律文档审查速度与准确性，使中小型律所也能获得高效技术支持，让律师能专注于需专业判断的复杂法律问题，而非耗时的文档筛查工作。

6.2　技能转型指南：传统工作者如何拥抱变革

随着 Vibe 编程引领的创作革命浪潮席卷各行各业，许多传统工作者面临着一个关键问题：我的专业技能还有价值吗？

答案是肯定的，但前提是主动转型，将专业知识与 Vibe 编程能力相结合，提供全新的职业价值。

无论你是律师、教师、设计师还是餐厅经营者，Vibe 编程都不会取代你的专业价值，而是为你提供一条将专业知识转化为实用工具的新路径。

本节将通过识别转型价值、掌握必备技能和找到转型路径这 3 个方面，提供一个实用的技能转型指南。

6.2.1　识别转型价值：专业知识与 AI 的黄金交叉点

真正的转型价值不在于用 AI 替代你的工作，而在于用 AI 增强你的专业能力，让你能够专注于处理更高层次问题。

1. 找到你的"护城河"

每个行业都有大量的专业知识（包括隐性知识和实践经验），这些是 AI 难以完全掌握的。例如，一位经验丰富的项目经理了解团队协作的微妙人际动态；一位资深教师知道如何根据学生的表情判断他们是否真正理解了概念；一位餐厅经营者凭直觉知道哪些菜品组合会受欢迎。

这些专业知识正是你的"护城河"。**识别这些专业知识的方法**是尝试回答如下 4 个问题。

- 哪些判断依赖多年积累的经验而非明确规则？
- 行业新人最容易在哪些方面犯错？为什么？
- 能有别人或 AI 工具自动完成的任务与必须我亲自处理的任务，有何区别？
- 客户或同事经常因为我的哪些专业判断而感到惊讶或印象深刻？

2. 发现行业痛点

仅有行业经验还不够，还需要找到行业中真实存在且亟待解决的痛点。如下便是一些典型的痛点。

- 重复性高但又需要专业判断的任务。
- 需要整合分散信息的决策过程。
- 依赖专业知识但又很耗时的分析工作。
- 标准化程度不高但又有规律可循的工作流程。

例如，一位金融顾问每天需要为不同客户筛选投资产品，这既需要专业判断，又有大量重复工作。又如，一位法律顾问经常需要审阅大量合同寻找潜在风险，这既需要法律专业知识，又非常耗时。

这些行业痛点，便是专业知识与 AI 的黄金交叉点，是 Vibe 编程可以发挥作用的切入点。

以餐饮业为例，一位厨师的核心价值在于创造美味食谱和掌控烹饪技艺，而不是计算食材采购量和管理库存。通过 Vibe 编程，这位厨师可以创建一个系统，自动根据预订情况和菜单规划食材采购，让自己专注于创意和品质控制。

6.2.2　掌握必备技能：从技术掌控到价值创造

在 Vibe 编程时代，有一些至关重要的新能力，掌握它们可以帮助你从"技术实现者"转变为"价值创造者"，从执行具体任务转向设计解决方案。

这些新能力涉及需求解构能力、提示工程思维、系统思维和人机协作技巧。

1. 需求解构能力

需求解构能力，是将复杂、模糊的行业需求转化为清晰、结构化描述的能力，它是 Vibe 编程时代的第一项核心能力。具体来说，需求结构能力包括如下 4 项。

- 问题界定能力：将宏观的业务挑战分解为具体问题。
- 需求优先级排序能力：区分"必要""重要""锦上添花"的功能。
- 用户旅程映射能力：清晰描述用户如何与解决方案进行交互。
- 约束条件识别能力：明确技术、资源和时间的限制。

例如，一位优秀的小型企业数字化顾问不会简单问客户"你需要什么系统"，而是会引导他们思考这几个问题：如何描述你一天的工作流程？哪些任务最耗时？在理想情况下，你希望系统能自动完成什么？

2. 提示工程思维

Vibe 编程的核心是通过自然语言来指导 AI 完成从想法到产品的落地。提示工程思维可以细分为如下 4 项。

- 精准表达：用明确、具体的语言描述需求和期望。
- 逐步引导：将复杂任务拆解为几个简单的子任务。
- 示例驱动：通过具体示例说明期望结果。
- 反馈迭代：对初步结果进行调整，以获得更符合预期的输出。

掌握提示工程思维不需要编程背景，而是需要清晰的逻辑思维和表达能力，因此使用 Vibe 编程不要求具备软件开发基础。

3. 系统思维

在 Vibe 编程时代，技术开发不再是孤立的功能实现，而是整体解决方案的构建。系统思维可以细分为如下 4 项。

- 连接点识别：了解不同模块如何相互作用。
- 数据流设计：规划信息如何在系统中流动和转换。
- 边界条件考量：预见和处理异常情况。
- 可扩展性思考：设计能随需求增长而灵活调整的系统。

例如，在设计一个小型零售店管理系统时，具备系统思维的人会考虑库存、销售、客户管理和财务报告之间的关系，确保数据在各模块间无缝流动，并能够预见销售高峰等特殊场景。

4. 人机协作技巧

Vibe 编程本质上是将人类专业知识与 AI 能力的结合，因此需要掌握人机协作技巧。人机协作技巧可以细分为如下 4 项。

- 优势互补：了解人类专业知识和 AI 能力的边界。
- 有效监督：知道何时可以信任 AI 输出，何时需要进行人工审核。
- 渐进式开发：从简单功能开始，逐步增加复杂度。
- 持续学习：通过反馈循环不断优化人机协作流程。

例如，一位成功的教育内容设计师知道 AI 擅长生成多样化的练习题，但对学生能力的评估等复杂任务需要人类教师的专业判断。他们会设计一个系统，由 AI 生成初步内容，然后由教师审核并调整。随着时间推移，这个系统会从教师的调整中学习，生成更符合期望的内容。

6.2.3 找到转型路径：行动步骤与案例分析

技能转型可以分为如下 4 个行动步骤。

1. 专业知识深化与重构（1～2 个月）

这个步骤需要系统化你的专业知识，将隐性经验转化为明确框架，主要包括如下 4 点：

- 梳理行业最佳实践，绘制流程图或决策树；
- 收集分析至少 15 个真实案例的共性问题与解决模式；
- 识别行业术语与概念，建立个人知识库；
- 与同行交流验证理解，发现认知盲点。

2. Vibe 编程技能构建（2～3 个月）

构建 Vibe 编程的实操能力，主要包括如下 4 点：

- 选择核心工具（如 Cursor、V0、Lovable 或 Trae）深入学习；
- 从小项目起步实践，逐步提升复杂度；
- 建立个人提示模板库，优化常见任务处理；
- 参与社区讨论，学习最佳实践与解决方案。

3. 解决方案原型与验证（1～2 个月）

创建针对行业痛点的实际解决方案，主要包括如下 4 点：

- 选定 1～2 个具体痛点，设计解决方案原型；

- 邀请 3～5 位潜在用户测试并收集反馈；
- 依据反馈迭代改进，完善功能与用户体验；
- 记录全过程，形成案例与方法论。

4. 价值定位与服务模式设计（1 个月）

将技能转化为实际的职业转型，主要包括如下 4 点：

- 明确独特价值主张，清晰阐述"客户为何需要你"；
- 设计服务包或产品模式，包含定价策略；
- 创建案例展示文档或作品集；
- 制定获取首批客户的具体计划。

案例：从会计师到小型企业数字化顾问的转型

李先生是一位拥有 10 年经验的会计师，长期为小型企业提供服务。他注意到，虽然许多客户需要财务管理系统，但市场上的软件或过于复杂、昂贵，或功能过于单一。

通过 4 个月的系统学习和实践，李先生掌握了 Vibe 编程技能，成功转型为小型企业数字化顾问；并开发出一套针对小型企业的财务管理工具：涵盖移动端收据扫描自动分类、现金流预测及税务规划。考虑到小企业主有限的财务知识与时间，该工具采用简洁语言与可视化界面。

李先生的服务模式从传统会计服务转变为"财务系统设计+持续优化顾问"，收费模式调整为"初始实施费+低额月度使用费"。转型后，他的收入增长了 40%，工作时间却减少了 30%。他不再被动处理账务，而成为客户业务增长的顾问。

Vibe 编程并非威胁，而是传统工作者转型升级的利器。无论专业背景如何，皆可通过融合专业知识与新技能，找到新定位与价值。技能转型无须抛弃多年积累的经验，反而使其以全新方式创造更大价值。

转型的关键是开始行动——现在就是从小项目开启 Vibe 编程之旅，6 个月后你将为自身蜕变惊叹。

6.3 未来教育蓝图：从"先知后行"到"边行边知"的学习革命

传统教育体系基于一个核心假设：必须先掌握足够的知识，才能开始创造和实践。这种**"先知后行"**的模式——先系统学习理论知识，通过考试证明"已知"，最后才能进入实践阶段，塑造了几代人的学习方式。Vibe 编程正在颠覆这一范式，勾勒一幅全新的教育蓝图。

未来的教育不再是单向的知识灌输，而是以行动为先导、在实践中获取知识的**"边行边知"**。当一位零编程基础的设计师可以在 48 小时内创建功能完整的应用程序，当一位不懂代码的医生能够开发一个好用的临床决策系统时，我们需要重新思考：下一代需要何种核心能力。

6.3.1 行动学习法：实践先行的知识获取新模式

传统教育就像建造一座宏伟的金字塔——从最基础的理论开始，逐层向上堆砌知识，直到足够高，才能开始实际应用。这种"完备型人才"培养模式要求学生必须系统性地储存海量知识，在动手之前必须掌握所有相关理论。

传统教育追求"完备型人才"，要求系统掌握理论后方可实践。在 Vibe 编程时代，学习方式已经呈现如下特点：

- 从理论驱动到项目驱动；
- 从完整掌握到逐步探索；
- 从恐惧失败到拥抱试错。

1. 从理论驱动到项目驱动

未来的课堂将更像一个创作工作室而非讲堂。学生们不再从抽象的理论入手，而是直接面对具体的项目挑战；教师不再局限于讲授固定内容，而是引导学生使用 Vibe

编程构建能解决实际问题的应用。

考虑这样一个场景。在高中的历史课程上，学生使用 Vibe 编程创建交互式时间线应用，整合多方史料从多个视角来学习某次战争历史。在这个过程中，学生的历史知识、信息搜集、数据组织及叙事表达能力均得到了培养。

这种转变已经在全球多个教育系统中得到验证。目前，一些地区的中学已经将 AI 作为独立课程开设，或融入科学、信息技术等现有课程中。这意味着学生不再需要等到大学才能接触编程，而是从中学阶段就开始在实际项目中运用 AI 工具解决问题。

2. 从完整掌握到逐步探索

"你不必急于拥有完整的全局视角，可以在实践中逐步建立认知。"这种学习方式打破了传统的教学模式，允许"做中学、错中悟"。

正如 6.2 节提到的"从小项目起步实践，逐步提升复杂度"，未来的教育将更加注重这种学习阶梯式学习方式。学生可以从使用现成的 AI 工具和模板开始，完成简单项目，然后逐步修改和定制 AI 生成的代码，理解基本逻辑，最终能够独立设计项目并指导 AI 实现复杂需求。

3. 从恐惧失败到拥抱试错

传统教育视错误为负面结果，Vibe 编程则视其为进步阶梯。

考虑这样一个场景。一名学生在开发个人知识管理工具时遇阻，教师引导他思考："问题根源何在？可尝试哪些解决方案？"以此来培养面对未知的勇气与创新能力。

据报道，一名 8 岁儿童使用 Cursor 等工具在 45 分钟内搭建了一个聊天机器人，通过自然语言可以修改网页元素并添加交互功能。

6.3.2 融合思维：跨域能力的培养与学科边界的消融

Vibe 编程时代最显著的特征之一，就是专业知识与技术实现的无缝融合。这种趋势对未来教育提出了全新要求：需要培养具备"融合思维"的下一代。

1. 从单一学科到跨域融合

未来的课程设置将弱化分学科边界。想象这样一个场景。在大学课程中，不再将生物和计算机设置为两个独立的学科，而是让学生通过开发一个生态系统模拟应用来同时掌握两者。在这个过程中，生物知识是应用的内容，编程思维是表达的工具。

目前，有的商学院开设了"AI辅助商业分析"课程，有的医学院开设了"医疗数据AI处理"课程，而有些文学院则开设了"AI辅助内容创作"课程。这些跨学科课程，使非计算机专业的学生能够将AI编程技能应用到自己的专业领域，创造创新解决方案。

2. 从知识记忆到系统思维

记忆具体知识点的价值大幅降低，而理解系统如何运作的能力变得更加珍贵。

未来教育将更重培养系统思维——理解要素关联、识别关键节点、预测系统行为。学生需学会分解复杂问题，理解模块交互，设计满足当前需求且具灵活性的方案。

教育正从代码编写转向软件行为理解。相应地，学生的核心能力转向系统思维与架构设计，而非深究每行代码实现细节。

3. 从单打独斗到协同创造

传统教育重个人能力评估，未来教育则更重协作。

想象这样一个场景。几名高中生组成了一个跨学科小组，有人负责科学数据采集标准、有人负责用户体验设计、有人负责社区参与机制设计……学生不仅学习与不同背景者合作，更体验如何将各自的优势融合成整体方案。

这种协作模式正在各个教育阶段得到推广。多所大学推动跨学科项目合作，计算机与非计算机专业学生共同使用Vibe编程解决实际问题，培养团队协作与跨学科思维，催生创新方案。

6.3.3　人机协作素养：数字时代的核心竞争力

Vibe编程本质是人机高效协作。因此，未来教育需着重培养学生与AI工具协作共创的能力。

1. 从工具使用者到人机协作者

传统教育将计算机视为工具，教导学生如何"使用"软件。而未来教育将把AI视为协作伙伴，培养学生如何与之"共创"。

这种转变要求学生理解AI的能力边界，学会有效表达需求，明确人类和AI各自的优势领域，建立持续改进的反馈循环。

现代教育正在快速适应这一需求。随着 Vibe 编程的普及，提示工程（Prompt Engineering）正成为大学课程的组成部分。学生需要学习如何有效地与 AI 沟通，写出清晰的提示词和上下文，以获得符合预期的代码输出。

2.　从被动接受到主动引导

在人机协作中，人类的角色从被动的执行者转变为主动的引导者。未来教育需要培养学生清晰表达意图、评估生成结果、提供有效反馈、逐步优化方案的能力。

想象这样的场景。教师不再要求学生写一篇固定主题的论文，而是让他们使用 AI 工具探索感兴趣的问题，并通过多轮对话引导 AI 生成深入分析，最终形成自己的观点。这个过程培养的不是背诵和复制，而是提问、判断和批判性思考的能力。

教育实践正在验证这种方法的有效性。学生需要学会识别 AI 生成代码中的错误、安全漏洞和性能问题，并进行修正。这种能力要求学生具备基本的编程知识和问题诊断能力。

3.　从恐惧替代到拥抱增强

Vibe 编程的本质不是替代，而是增强——让创造力、判断力和专业知识得到放大。

未来教育应该帮助学生建立正确认知：AI 是增强人类能力的工具，而非替代品。学生需要学会如何保持自身创造力和批判性思维，同时充分利用 AI 的计算能力和信息处理优势，达成最佳的人机协作。

实际的教育改革正在朝这个方向发展。一些高校正在探索"AI 辅助"教学模式，教师和 AI 共同指导学生学习——AI 可以提供即时反馈、个性化学习路径和编程辅助，而教师则负责引导学生思考、解决复杂问题和培养批判性思维。

这种教育模式也在重新定义个性化学习——学生可以根据自己的兴趣、能力和职业目标，选择不同的学习路径和项目。这种教育模式提高了学习效率和学生满意度，特别适合不同专业背景学生的多样化需求。

6.4　创新无界：2030 年 Vibe 编程重塑的社会图景

无论是创造新的职业图谱、为传统工作者带来转型机会，还是改变教育理念与实践，Vibe 编程带来的这些变化并不是孤立的。

当我们将目光投向 2030 年，一个被 Vibe 编程重塑的社会图景正在展开。这一图景不再是科幻小说中的遥远想象，而是基于我们已经看到的趋势——专业知识与技术融合、创造门槛降低、从想法到产品的实现加速、专业人士赋能——的合理推演。

展望未来，2030 年的社会将是一个创新无界的世界，知识创造变得普及，协作模式跨越传统边界，学习与工作的界限愈发模糊。

6.4.1 创造力普及化：人人都是生产工具的设计者

2030 年的第一个显著变革是创造力普及化。正如 6.1 节介绍的，Vibe 编程催生了一批将专业知识转化为数字工具的新兴职业。到 2030 年，这种能力将不仅限于特定职业，而是成为普通人的基本技能。

1. 专业知识货币化的普及浪潮

在传统社会中，将专业知识转化为可交易的产品或服务通常需要复杂的中介机构或技术支持。然而，到 2030 年，任何拥有专业知识的人都能轻松创建数字工具，实现知识的直接货币化。

想象一位退休的金融分析师。在传统模式下，她可能需要写作图书、开设课程或受雇于咨询公司来分享积累了 30 年的行业知识。而在 2030 年，她只需利用 Vibe 编程，便能在几天内创建一个个性化的市场分析工具，将其判断框架和分析模式编码到系统中，供全球投资者使用，同时获得持续收入。

2. 社区驱动的创新生态

2030 年将涌现数千个围绕特定需求的创新社区，成员不再限于技术爱好者，而由各行业普通人组成。

值得注意的是，这种创新生态可能呈现"青年群体参与度显著提升"特征。未来大部分代码可能由时间充裕的青少年与学生创造，而非传统的软件工程师。这种转变或使软件创作呈现青年文化特征，甚至催生"软件模因"的现象（即具有病毒式传播特性的创意应用和工具）。

例如，一个专注于特殊儿童教育的社区，由特教老师、心理学家和家长组成，他们共同开发并维护了一套学习工具，通过 Vibe 编程将专业知识和实际经验转化为有效的数字解决方案。

3. 创新周期的加速与常态化

到 2030 年，从想法到产品的时间将大幅缩短，创新不再是特殊事件，而是日常活动。

这将催生迭代式创新模式。人们不再追求一步到位的"完美"方案，而是通过快速实验、获取反馈和持续优化来逐步接近最优解。

6.4.2　协作无界：专业与地域边界的消融

2030 年的第二个显著变革是协作无界。Vibe 编程不仅改变了我们创造的方式，也重塑了我们协作的模式。

1. 超专业团队的兴起

传统的工作团队通常由相同或相近专业背景的人组成，跨领域协作往往面临沟通障碍。而到 2030 年，"超专业团队"（由完全不同领域的专家组成却能无缝协作创造复杂解决方案）将成为常态。

例如，一个医疗创新团队可能由神经科医生、心理治疗师、营养学家、声学设计师和患者权益倡导者组成，他们共同开发一个失眠治疗系统。他们无须理解对方领域的技术细节，但通过 Vibe 编程能将各自的专业见解整合到同一个数字系统中，取得跨学科的创新成果。

2. 微型企业的繁荣期

2030 年将迎来微型企业。如 6.2 节转型案例所示，Vibe 编程使小团队或个人能创建原需大型团队完成的产品服务。

这些企业将在细分市场占据主导，提供高度专业化、个性化解决方案，其优势在于灵活性与专注度——快速适应市场变化，聚焦特定客户群独特需求。

案例：三人团队（老年医学专家、家庭护理协调员、前医疗保险分析师）创建老年护理协调平台，专攻农村独居老人市场。此细分市场对大公司过小，却是该微型企业的理想立足点。

2030 年将迎来微型企业的（通常<5 人）的繁荣期，Vibe 编程使得小团队甚至个人能够创建原本需要大型团队才能完成的产品和服务。

这些企业将在特定细分市场占据主导地位，提供高度专业化和个性化的解决方案。它们的优势在于灵活性和专注度——能够快速适应市场变化，专注于特定客户群体的独特需求。

例如，一个由一位老年医学专家、一位家庭护理协调员和一位前医疗保险分析师组成的 3 人团队，创建了一个专门针对农村地区的独居老人的护理协调平台。这样的细分市场对大公司来说可能太小，但对这个微型企业而言却是理想的立足点。

3. 全球人才池与地方价值创造

2030 年，地理位置将不再是专业协作的障碍。Vibe 编程将创造新工作方式，使全球人才更有效协作。

这种协作方式依托全新的技术基础设施。传统的开发工具正在被 AI 原生方案重新定义。例如，版本控制系统可能演进为更适合 AI 协作的形式，不仅能追踪代码变更，还能记录意图、规范和验证结果。模型上下文协议（Model Context Protocol，MCP）等标准正在成为连接不同工具和服务的语言，使得分布在全球的团队能够无缝协作。

例如，肯尼亚农业专家、印度水资源管理顾问与巴西气候科学家可以紧密合作，共同为特定地区的农民定制农作物管理系统。这种协作不受时区、语言或文化差异的限制，因为 Vibe 编程提供了一种普遍的创造语言。

这也意味着人才不再需要向机会集中的地区迁移。专业人士可以自主选择居住地，参与全球创新活动，设计兼具全球影响与地方特色的方案。

6.4.3　终身创造社会：学习与创造的无缝融合

2030 年的第三个重要变革是终身创造社会，学习与创造的边界愈发模糊。正如6.3 节提到的，未来的学习模式将从"先知后行"转变为"边行边知"，这一趋势将扩展到整个社会层面，创造出一个"终身创造社会"。

1. 从知识消费者到知识创造者

在传统社会中，大多数人是知识消费者，少数人（如研究人员、作家、艺术家）

是知识创造者。到 2030 年，每个人都能在日常活动中创造有价值的知识产品。

例如，一位园艺爱好者利用 Vibe 编程创建了一个互动式植物护理指南，不仅将自己知识和实践进行了结构化，也为他人提供了价值。人们通过"创造性学习"来学习，通过分享创造成果来教学。

2. 项目驱动的社会学习

2030 年的学习将高度项目化和社会化。未来的学习不再是孤立的知识获取，而是通过实际项目与他人协作解决问题的过程。

这种学习模式的核心转变是从"模板驱动"到"规范先行"。传统学习往往从既定模板开始，按部就班地完成练习。而在 Vibe 编程时代，学习者可以直接描述想要达到的结果，然后与 AI 协作逐步细化规范、实现目标。这种"规范先行"的方法培养了学习者清晰表达需求和实现目标的能力。

企业培训不再是组织研讨会或在线课程，而是组建跨部门项目团队，共同解决实际业务问题。公民教育不再是阅读政策文件，而是参与社区改善项目，运用 Vibe 编程创建解决当地问题的工具。

3. 适应性知识网络

到 2030 年，适应性知识网络将取代传统的静态知识库。这些网络不仅包含信息，还包含如何应用这些信息的模型和工具，能够根据使用者的背景和需求进行自我调整。

适应性知识网络以结果为导向，能够智能地整合来自不同学科的知识，为跨领域问题提供综合性解决方案，同时根据用户的专业背景和经验水平调整内容的深度和表达方式。

例如，医学知识网络能够根据特定用户（可能是专科医生、全科医生、护士或患者）的角色和需求进行动态调整，不仅提供疾病信息，还提供诊断工具、治疗决策支持系统和患者教育材料。同时，它还能根据使用反馈和结果数据优化其推荐和建议，确保达到预期效果。

结语：拥抱创造的普惠时代

本书最后，我想坦诚地与各位读者分享一个事实：我们正身处一场前所未有的、远超想象的编程革命浪潮中。当 Andrej Karpathy 在 2025 年 2 月提出"Vibe 编程"概念时，许多人将其视为玩笑或夸张。然而，在短短几个月内，这种"说代码"的编程方式已经成为众多开发者日常实践。

技术演进的速度令人瞠目结舌——AI 模型的编程能力每隔几周就有显著提升，新工具层出不穷，应用方法持续创新。事实上，就在本书付梓之际，OpenAI、Anthropic 和 NVIDIA 等公司可能已经推出了新一代工具，使得书中部分技术细节需要更新。这不是缺陷，而是我们所处时代的特点——技术变革从未如此迅猛。

面对这种变革，关键在于理解：**不变的是思维模式**。虽然具体的工具和方法可能会持续变化，但 Vibe 编程的核心——通过清晰表达意图来引导 AI 创造价值——这一理念将持续适用。正如 Bret Weinstein 所警告的，"你不是与 AI 竞争，而是与'AI 放大的别人'竞争"。掌握与 AI 协作的思维方式比掌握某个特定工具更为重要。

在这个背景下，我们将看到前所未有的创新。借助于 Vibe 编程，每个人都能成为工具的制造者，每个人都能将自己的专业知识和独特视角转化为可共享的价值。

当然，我们也必须**以务实的态度迎接挑战**。目前，AI 生成代码的调试和维护仍然存在困难，处理复杂业务逻辑和特殊场景问题依然需要人类的专业判断。通过 Vibe 编程创建的应用质量参差不齐，因此更适合将 Vibe 编程用于快速原型验证和个人定制，而非大规模、长期维护的复杂系统。

但这些挑战并不能掩盖 Vibe 编程的价值。学习 Vibe 编程不仅是学习一种技术，也是培养一种能力。我们需要牢记，**保持开放的心态和持续学习的习惯，比学习特定的知识点更有价值**。

在这种情况下，传统的学习方式已经不再适用，我们必须拥抱"边学边用，边用边学"的思维方式，把握当下可用的技术，同时保持对变化的敏锐感知和快速适应能力。

无论你是希望开启新事业的创业者、寻求职业转型的专业人士，还是关注下一代教育的教师或家长，Vibe 编程都能为你提供前所未有的工具和可能性。

在这个快速变化的时代，持续学习和适应不仅是一种策略，更是一种生存能力。每个人都需要思考自己在 AI 编程浪潮中的独特定位和价值创造方式。

为了帮助你跟上 AI 编程的最新发展，我们建立了持续更新的知识平台。欢迎关注我们的公众号（AI 编程-VibeCoding），以获取更新的技术进展、实践案例和应用方法。

创新无界的 2030 年已经向我们招手，而通往那里的道路，就从现在开始。让我们保持联系，共同见证并参与这场改变世界的技术革命。成为未来的积极塑造者，而非被动适应者。

感谢您选择这本书作为您的 Vibe 编程入门之旅。无论您是经验丰富的程序员还是零编程基础的新手，我都希望能为您提供启发。

未来已来，让我们一起拥抱这个创造的普惠时代。

薛志荣

2025 年 5 月